Kai Matthiesen Judith Muster Peter Laudenbach

Die Humanisierung der Organisation

Kai Matthiesen
Judith Muster
Peter Laudenbach

DIE HUMANISIERUNG DER ORGANISATION

WIE MAN DEM MENSCHEN GERECHT WIRD, INDEM MAN DEN GROSSTEIL SEINES WESENS IGNORIERT

Verlag Franz Vahlen München

INHALT

INHALT

Einleitung
Menschen und Mitglieder

Die Kommunistische Partei Chinas, Kindergärten, Automobilhersteller, Amnesty International, die Universität Bielefeld, das Rüstungsunternehmen Heckler & Koch, Staatstheater und psychiatrische Anstalten haben mindestens eine Gemeinsamkeit. Es handelt sich um Organisationen. Das unterscheidet sie von Familien, Partys, Gottesdiensten, der Bevölkerung Kaliforniens, Urlaubsflirts, Therapie-Sitzungen oder Demonstrationen.

Im Gegensatz zu Partys, Ehen oder Therapie-Sitzungen haben Organisationen keine Verwendung für den »ganzen Menschen«. Mit ihren Gefühlen, Anerkennungsbedürfnissen und Launen würden Menschen jede Organisation heillos überfordern. Organisationen benötigen Organisationsmitglieder, keine Menschen. Und umgekehrt: Je weniger ein Unternehmen seine Mitarbeiterinnen und Mitarbeiter als »ganze Menschen« adressiert, desto besser für die Mitarbeiter (als Menschen wie als Mitarbeiter). Die Unterscheidung zwischen dem Mitglied der Organisation und dem »ganzen Menschen« entlastet beide Seiten, die Organisation und ihre Mitglieder, von Überbeanspruchung, Rollenkonflikten und Grenzverletzungen.

Ein weitverbreitetes Missverständnis macht das Dasein in Unternehmen, Universitäten, NGOs und anderen Organisationen unnötig schwierig. Es ist die Annahme, Kern und Kernproblem einer Organisation seien die Menschen, die in ihr arbeiten. Diese Unterstellung macht Mitarbeiterinnen und Mitarbeiter anfällig für die Personalisierung von Organisationsproblemen und andere Grenzüberschreitungen. Aufseiten der Organisation sorgt das für blinde Flecken der Selbstbeobachtung. Statt die Defizite in ihrer eigenen Struktur zu erkennen (und nach Möglichkeit zu beheben), macht sie ihre Mitglieder zum Puffer, der jedes Organisationsversagen auffangen soll.

Weil diese Problemverschiebung die Arbeit der Organisationsverantwortlichen scheinbar erleichtert, erfreut sie sich immer noch großer Beliebtheit. Sichtbar wird das zum Beispiel in der beliebten Phrase, Mitarbeitende brauchten nur »das richtige Mindset«. Die Funktion solcher Aufforderungen ist durchsichtig: Damit drücken sich Organisationsverantwortliche vor ihrer eigentlichen Aufgabe, die Arbeit der Mitarbeitenden gut zu organisieren. Die Formulierung ist nicht zufällig so vage: »Richtig« ist im gewünschten »Mindset« jeweils, was die Defizite der Organisation kompensiert – und das kann sich von Situation zu Situation ändern.

Organisationen nutzen zahlreiche Wege, um ihre Probleme zulasten ihrer Mitglieder zu personalisieren. Das geschieht auf allen Hierarchieebenen. Führungskräfte werden gern mit der Aufforderung behelligt, eine Transformation durch vorbildliches Verhalten zu führen, zu stabilisieren und zu legitimieren. Appelle an die intrinsische Motivation können alle Mitarbeiter belästigen, etwa wenn eine Purpose Driven Organization (oder das, was der Vorstand dafür hält) ausgerufen wird.

An der Anforderung, die Probleme der Organisation mit persönlichem Engagement zu lösen, können ihre Mitglieder nur scheitern. Die Schuld dafür sucht die Organisation dann natürlich nicht bei den eigenen Strukturen, sondern wieder bei ihren Mitgliedern, die die Werte noch nicht durchdrungen, ihr »Mindset« nicht hinreichend an den Bedürfnissen der Organisation ausgerichtet haben, sich nicht in jeder Hinsicht vorbildlich verhalten oder nicht leidenschaftlich genug für die gute Sache brennen. Also: Ab in den nächsten Motivations-Workshop! Das behebt zwar keine Organisationsprobleme, hilft aber dabei, sie zu kaschieren und die Verantwortung zu verschieben. Erfahrene Organisationsprofis, an denen auf diese Weise herumgezerrt wird, entwickeln schon aus Gründen der Selbstachtung und des Selbstschutzes Strategien des Zynismus, mit deren Hilfe sie die Übergriffigkeiten der Personalisierung an sich abperlen lassen.

Wir wollen mit diesem Buch dazu beitragen, diese Spiele besser zu verstehen und die durch sie ausgelöste Abwärtsspirale zu durchbrechen. Statt das Verhalten des Einzelnen heroisch zu glorifizieren oder therapeutisch zu problematisieren, interessieren uns die Verhältnisse, in denen sich dieses Verhalten abspielt. Deshalb schlagen wir vor, nicht die Personen und ihre möglichen Motive oder Defekte, sondern die Eigenlogiken der Organisation in den Blick zu nehmen. Es geht also, mit einer Formulierung des Soziologen Erving Goffman, »nicht um Menschen und ihre Situationen, sondern eher um Situationen und ihre Menschen« (Goffman 1986, 9).

Organisationen steht ein einzigartiges Instrument zur Verhaltenssteuerung ihrer Mitglieder zur Verfügung. Indem sie die Mitgliedschaft in der Organisation an die Einhaltung ihrer formalen Verhaltenserwartungen knüpfen, sorgen sie für die notwendige Klarheit: Man weiß, was im

Rahmen der Organisation verlangt wird. Wer Mitglied eines Schachclubs werden will, sollte Schach spielen. Mitglieder einer Punk-Band sollten sich für die Darbietung von Punk-Musik interessieren und keine Scheu vor Konzertauftritten haben. Wer Mitglied der SPD bleiben will, sollte nicht öffentlich politische Forderungen etwa der AfD vertreten. Wer einen Arbeitsvertrag unterschreibt, sollte bereit sein zu arbeiten. Formale Mitgliedschaftsbedingungen, wie sie in Arbeitsverträgen, Parteisatzungen oder Vereinsstatuten fixiert sind, definieren die formalen Verhaltenserwartungen der Organisation. Im Umkehrschluss signalisieren sie allerdings auch, was die Organisation nichts angeht: alles, was nicht in den Mitgliedschaftsbedingungen formalisiert ist. Und das ist sehr vieles. Zu den nicht im Arbeitsvertrag fixierten Mitgliedschaftsbedingungen zählen in der Regel zum Beispiel politische Orientierungen, Ausgeh- und Ernährungsgewohnheiten, die Beziehung zu den Eltern, die Konsultation von Paartherapeuten oder der private CO_2-Abdruck. Der Schachclub oder die SPD müssen nicht wissen, welche Musik man hört, die Punkband kann Schachkenntnisse ignorieren.

Die Mitglieder erfüllen die formalen Erwartungen der Organisation nicht zwangsläufig mit Begeisterung, selbstloser Hingabe und glühender Identifikation. Ein Kosten-Nutzen-Kalkül genügt: »In formale Organisationen treten die Mitglieder (...) in der Regel aus wohlerwogenen Gründen wegen spezieller Zwecke und Leistungen ein. Sie wissen sich und die anderen Mitglieder nur partiell engagiert« (Luhmann 1964, 345). Das nur partielle Engagement verfolgt bestimmte Zwecke (zum Beispiel, mit Berufsarbeit Geld zu verdienen) und erbringt im Gegenzug entsprechende Leistungen (zum Beispiel, den Arbeitsvertrag zu erfüllen). Ein darüber hinaus gehendes Engagement kann die Organisation von ihren Mitgliedern nicht erwarten. Ein Schachclub verlangt von seinen Mitgliedern keine militärischen Kampfeinsätze. Die Bundeswehr fordert von Offiziersanwärtern keine Kenntnisse der Hauptwerke Immanuel Kants. Philosophie-Professorinnen müssen bei ihrer Berufung keinen Führerschein vorweisen. Ein Chemiekonzern interessiert sich bei der Einstellung von Ingenieurinnen oder Juristen nicht dafür, ob sie die volle Distanz des Ironman schaffen oder gute Tango-Tänzer sind. Schachclubs, Bundeswehr, Universitäten oder Chemiekonzerne können ihre Mitglieder nicht zur Wertschätzung abstrakter Kunst, regelmäßigen Besuchen des Clubs Berghain oder zu monogamer Eheführung verpflichten. Damit würden sie die engen Grenzen der an die Mitgliedschaft geknüpften Verhaltenserwartungen ihrer nur »partiell engagierten« Mitglieder erheblich überdehnen.

Es ist eine Errungenschaft der Moderne, dass »totale Institutionen«, wie sie der Soziologe Erving Goffman (Goffman 1973) beschrieben hat, heute Randphänomene sind. Ihr Zugriff auf die ganze Person hat im normalen Arbeitsleben nichts verloren. Man findet sie in modernen Gesellschaften fast nur noch in Klöstern, also Überbleibseln der Vormoderne, im Zugriff auf Insassen (nicht auf Mitarbeiter) spezieller Einrichtungen wie psychiatrische Anstalten, oder in pathologischen Formen, etwa bei Sekten, radikalpolitischen Gruppen oder Terrororganisationen (und, wenn man den Klagen unzufriedener Theaterbeschäftigter glauben darf, an sehr schlecht geführten deutschen Stadttheatern). Wer nicht in der Psychiatrie sitzt, in ein Jesuiten-Kloster eingetreten ist, »operierender Thetan« bei Scientology werden will oder einem Al-Qaida-Kommandanten gehorchen muss, hat keinen Grund, sich solche Übergriffe gefallen zu lassen.

Dass der »ganze Mensch« im Arbeitsvertrag nicht vorkommt, hat gute Gründe: Er geht die Organisation nichts an. Das ist eine gute Nachricht für Menschen, die in Organisationen arbeiten. Diese Nachricht ist das Thema dieses Buches. Es möchte Orientierungshilfen zum besseren Überleben im Dickicht der Organisationen liefern. Die gut organisierte Organisation entlastet ihre Mitglieder, statt sie als menschliche Puffer zu verschleißen.

DIE ORGANISATION, DAS UNBEKANNTE WESEN

Wir geben zunächst einen Überblick auf unsere Arbeitsweise und darauf, welche Begriffe, Theorieinstrumente und Beobachtungen wir bei unserer Analyse der Organisation und ihrer Paradoxien verwenden. Der erste Teil des Buches widmet sich der Problemdiagnose: Wir blicken auf den Grenzverlauf und die hilfreiche Unterscheidung zwischen Mensch und Organisationsmitglied – und auf die Missverständnisse, Übergriffe und Konflikte bei Organisationspraktiken, die diese Unterscheidung nicht zur Kenntnis nehmen. Der zweite Teil zeigt, wie Organisationen auf den Versuch (oder die Versuchung) verzichten, Organisationsmitglieder als »ganze Menschen« zu beanspruchen.

Statt den Menschen für den Quell allen Organisationsübels zu halten und entsprechend zu bearbeiten, plädieren wir für die Konzentration auf die Organisation und ihre Struktur, für die Anerkennung ihrer Eigenlogiken und die reflektierte Beobachtung der beabsichtigten und unbeabsichtigten Wirkungen der eingesetzten Mittel. Es klingt für viele Organisationsgeschädigte vielleicht vermessen und utopisch – aber es wäre keine schlechte Idee, wenn die Organisation ihre Strukturen nach den (Funktions-)Bedürfnissen ihrer Mitglieder ausrichtet, statt sie als menschliche Auffangbecken und Kompensationspuffer der Organisationsdefizite zu missbrauchen.

Damit möchten wir eine praktische Handreichung anbieten: Ein organisationssoziologisch aufgeklärtes Verständnis der Organisation kann ihren Mitgliedern helfen, besser zu verstehen, wie die Organisation funktioniert und was sie von ihnen erwarten darf (und was sie nicht erwarten sollte). Organisationsverantwortlichen eröffnet es Gestaltungsperspektiven, die der Organisation wie ihren Mitgliedern zugutekommen. Das nüchterne, also auf die jeweiligen Funktionen konzentrierte Verständnis des Organisationsgeschehens und der Differenz zu Familien, Freundschaften oder Glaubensgemeinschaften kann das Dasein in der Organisation deutlich erleichtern. Das gilt unabhängig von Branche und Hierarchieebene und davon, ob dieses Dasein in Startups, Vorstandsbüros, Schulen, der Stresszone des Mittelmanagements, in Theatern, den Bürotrakten der Verwaltung oder in einer Fabrik stattfindet. Deshalb richtet sich unser Buch an Chefinnen und Fabrikarbeiter, an Verwaltungsfachkräfte, Vorstände, Chefredakteure, Personalverantwortliche und andere Organisationsmitglieder. Also an alle. Denn die Erfolgsgeschichte des sehr speziellen sozialen Systems der Organisation in der modernen Gesellschaft bedeutet, dass soziale Teilhabe, etwa im Arbeitsleben, häufig in Form von Organisationsmitgliedschaften stattfindet.

Wir nehmen die Frustration ernst, die schlechte Organisation zwangsläufig produziert. Aber wir interessieren uns weniger für die üblichen Feindbilder und Frontbildungen (»Meine Leute ziehen einfach nicht mit«, »Die da oben wissen nicht, was bei uns los ist«, »Deutschland hat ein Motivationsproblem«, »Es fehlt an Unternehmertum«) als für die befreiende Wirkung des klaren Blicks.

Zu unserer Arbeitsweise: Wir entwickeln unsere Diagnosen in der Begegnung mit konkreten Organisationen und verwenden immer wieder Fallbeispiele. Weil wir die Namen der jeweiligen Unternehmen oft aus Diskretionsgründen (zum Beispiel weil wir als Berater für sie gearbeitet haben) nicht nennen können, haben wir sie anonymisiert. Es handelt sich immer um reale Unternehmen, Institutionen, Verwaltungen und andere Organisationen, die wir in den vergangenen Jahren als Beraterin und Berater, Wissenschaftlerin oder als Journalist kennengelernt haben.

Wenn im Folgenden von »wir« die Rede ist, sind bei Forschungs- und Beratungsprojekten in der Regel Judith Muster und Kai Matthiesen von Metaplan gemeint. Gelegentlich stammen die Unternehmens-Beobachtungen auch aus Peter Laudenbachs journalistischer Arbeit. Immer wieder sind wir in der Organisationsbeobachtung nicht nur Berater, Soziologin oder Journalist, sondern auch Feldforschende, Ethnologen oder Theaterbesuchende, die über das Theater der Organisation in Meetings, Budgetverhandlungen, Jahresgesprächen, Coachings und anderen Schaukämpfen staunen. Erstaunlich häufig sind wir Kafka-Lesende, die Labyrinthe, widersprüchliche Signale, undurchschaubare Machtverhältnisse und rätselhafte Regeln fasziniert in Chefetagen und Bürotrakten beobachten.

Zur Empirie des Einzelfalls: Der Schriftsteller und Filmregisseur Alexander Kluge spielt in seinen Filmen und Büchern gern mit Fakten und Fiktionen: Man kann nie sicher sein, was real und was frei erfunden ist. Seine Erklärung für diese Erzählstrategie ist so verblüffend wie die Vorgänge, von denen er berichtet: »Wenn Ihnen in meinen Büchern etwas so absurd und befremdlich vorkommt, dass Sie es für pure Fiktion halten, beruht es garantiert auf

Tatsachen. Die wirklich erstaunlichen Merkwürdigkeiten kann man sich nicht ausdenken« (Kluge 2005). Das gilt auch für die im Folgenden verwendeten Organisationsskizzen. Möglicherweise glauben Lesende in unseren Beispielen den Konzern, die Behörde, die Universität zu erkennen, in denen sie arbeiten. Das kann ein Irrtum sein. Viele der von uns beobachteten Muster wiederholen sich in Variationen in zahlreichen Organisationen. Die beschriebenen Unternehmen stehen hier als Beispiele. Die entsprechenden Organisationslogiken sind unabhängig von den jeweiligen Besonderheiten wirksam. Ein Beispiel: Nach der Entlassung eines Direktors der Weltbank unter etwas dubiosen Begründungen hat der Organisationssoziologe Stefan Kühl, einer unserer Metaplan-Kollegen, in Artikeln für die »taz« und die »Zeit« die Organisationsdynamiken und Strukturen beschrieben, die nach seiner Analyse dort wirksam waren (Kühl 2007 und 2007a). Die Entlassung folgte einem häufig zu beobachtenden Muster (wir beschreiben es im Kapitel → Warum sachlich, wenn es auch persönlich geht): die Zurechnung eines Organisationsversagens auf eine Person. Nachdem die Artikel erschienen waren, erhielt Kühl Mails von Weltbank-Mitarbeitern, die wissen wollten, wer seine Quellen seien und woher er die internen Informationen habe. Ihm standen ausschließlich öffentlich zugängliche Informationen zur Verfügung. Aber er kannte die Ausweichmanöver, mit denen sich Organisationen durch Personalisierung davor schützen, ihre selbst verursachten Probleme als solche zu erkennen.

Um Phänomene wie solche Ausweichmanöver genauer und in all ihrer Widersprüchlichkeit zu beobachten und zu verstehen, welche Funktionen sie erfüllen, arbeiten wir mit dem Analyse-Instrumentarium der Organisationssoziologie. Dabei greifen wir vor allem auf die Begriffe und Theoriefiguren zurück, die der Soziologe Niklas Luhmann in seinem Buch »Funktionen und Folgen formaler Organisation« (Luhmann 1964) entwickelt hat. Es ist nicht unser Ehrgeiz, damit zur wissenschaftlichen Forschung oder zur umfangreichen Luhmann-Sekundärliteratur beizutragen. Wir benutzen Luhmanns Theorie-Werkzeug eher so, wie man Brillen oder Röntgengeräte zu Hilfe nimmt: um besser zu sehen. Luhmanns »Funktionen und Folgen formaler Organisation« ist ein erstaunliches (und erstaunlich unbekanntes) Buch. In der Luhmann-Rezeption »spielt es (...) immer noch nicht die Rolle, die ihm gebührt«, stellt der Soziologe und Luhmann-Kenner André Kieserling merklich irritiert fest (Kieserling 2012, 134). Luhmanns Frühwerk, seine erste größere Veröffentlichung und Ertrag seiner Studien in Harvard bei Talcott Parsons wie der Jahre teilnehmender Beobachtung als Verwaltungsjurist, ist jenseits der Fachwissenschaft ein ungehobener Schatz. Jahrzehnte nach seinem Erscheinen konstatierte Günther Ortmann, einer der wichtigsten deutschen Organisationsforscher, dass Luhmann hier bereits 1964 »viele heutzutage zu großer Prominenz gelangte organisationstheoretische Ideen« entwickelt und vorweggenommen habe (Ortmann 2003, 238). Vielen dieser Ideen und Begriffe werden der Leserin, dem Leser, auf den folgenden Seiten begegnen.

Weshalb dieser Theorie-Aufwand? Weil, zumindest laut Immanuel Kant, Anschauung ohne Begriff blind bleibt (umgekehrt bleiben Begriffe ohne Anschauung leer – deshalb arbeiten wir immer wieder mit Fallbeispielen). Mit der Brille von Luhmanns Begriffen und Theoriefiguren sieht man klarer und vor allem: anders. Sie erlauben es, das bunte Organisationsgeschehen unter überraschenden, oft genug irritationsreichen Perspektiven zu beobachten. Das rückt das scheinbar Vertraute in die Distanz und erlaubt es, eine weitverbreitete Erkenntnisblockade »unbegriffener Unmittelbarkeit« (Hegel 1807, 34 f.) zu vermeiden. Eine berühmte, schon etwas ältere Formulierung beschreibt die Falle der auch in Organisationen und ihrer Beobachtung häufig anzutreffenden unbegriffenen Unmittelbarkeit so: »Das Bekannte überhaupt, ist darum, weil es *bekannt* ist, nicht *erkannt*. Es ist die gewöhnlichste Selbsttäuschung wie Täuschung anderer, beim Erkennen etwas als bekannt voraussetzen und es sich ebenso gefallen zu lassen; mit allem Hin- und Herreden kommt solches Wissen, ohne zu wissen wie ihm geschieht, nicht von der Stelle« (Hegel 1807, 35). Ein Hin-und-her-Reden im Bekannten ist mithilfe von Luhmanns Theorie-Brille nicht zu befürchten.

Wir erheben nicht den Anspruch, mit diesem Buch eine abgeschlossene Theorie der Organisation vorzulegen. Aber wir hoffen, dass wir dazu beitragen, das erstaunlich trickreiche Innenleben von Organisation mit ihren Spannungen und Konfliktlinien, ihre Funktionslogiken und deren Folgen besser zu verstehen.

Die Organisation ist eine alte Bekannte. Dass wir sie schon so lange kennen, heißt nicht, dass wir sie immer durchschauen. Mithilfe der Organisationssoziologie lässt sie sich zumindest aus etwas anderen Perspektiven beobachten. Das führt zu neuen Fragen. Zum Beispiel: Welche Funktion hat das gelegentlich befremdlich und erratisch anmutende Verhalten ihrer Mitglieder? Wenn es nicht komplett irrational ist – für welches Problem soll es dann die Lösung sein, und welche Probleme zeigt es an? Und: Ließen sich für diese Probleme auch andere, vielleicht weniger belastende Lösungen finden?

ERSTER TEIL

DIE UND

ORGANISATION
IHRE MITGLIEDER

DER GANZE MENSCH UND ANDERE IRRTÜMER

WARUM ORGANISATIONS-MITGLIEDER ETWAS ANDERES ALS MENSCHEN SIND – UND WESHALB DAS NICHT UNMENSCHLICH IST

Der Unterscheidung zwischen dem »ganzen Menschen« und dem Organisationsmitglied ist auf den ersten Blick irritierend, schon weil Organisationsmitglieder in der Regel Menschen sind. Es lohnt sich, diese Unterscheidung etwas genauer zu betrachten. Sie ist neben dem hierarchischen Aufbau und der Zweckorientierung das wichtigste Kennzeichen des sehr speziellen sozialen Gebildes Organisation.

Wenn Menschen regelmäßig Zeit miteinander verbringen, kann es sich auch um einen Nachtclub, eine Familie, Kleingartennachbarn, einen Gottesdienst oder um Zufall handeln. Sie machen miteinander, was man in Nachtclubs, Familien, Kleingärten, Gottesdiensten oder bei Zufallsbegegnungen halt so macht. Verbringen sie diese Zeit allerdings im Rahmen einer Organisation miteinander, geschieht das unter Bedingungen der formalen Regeln der Organisation. Das hat Folgen: Diese Menschen handeln nicht als Privatpersonen oder »ganze Menschen«, sondern als Organisationsmitglieder (die nebenbei und informal auch noch über die lästige oder hilfreiche Eigenschaft verfügen, Menschen zu sein).

Erst die Unterscheidung zwischen Mensch und Mitglied erlaubt es der Organisation, ihre Eigendynamik ungestört von menschlichen Eigenarten zu entfalten. Sie kann ihre Mitglieder ausschließlich in ihrer Organisationsrolle adressieren und ihre persönlichen Motive außer Acht lassen. Mit der Unterscheidung zwischen Person und Funktion, zwischen Mensch und Mitglied schafft die Organisation die notwendige Voraussetzung ihrer eigenen Operationen.

Wer als Mitglied einer Organisation handelt, handelt nicht als Privatperson: Organisationshandeln ist »nicht persönlich gemeint«, darf das auch nicht sein und soll so nicht verstanden werden. Dieses nicht persönlich gemeinte Handeln ist der natürliche Modus Operandi der Organisation und aus ihrer Sicht der einzig legitime. Luhmann illustriert das an Beispielen aus dem Alltag der Bürokratie und des Bildungswesens: »Man darf sich im Dienst nicht an seinen Privatfeinden rächen, darf den Kindern des politischen Gegners keine schlechteren Zensuren erteilen oder umgekehrt dem Lehrer die Auszahlung eines Bankkredits verweigern, weil er schlechte Zensuren erteilt hatte« (Luhmann 1975, 13). Mit der Immunisierung gegen den sachfremden Einfluss persönlicher Motive sichert die Organisation ihre Leistungsfähigkeit. Sie kann davon ausgehen, dass die Organisationsrolle das Verhalten der Mitglieder trägt. Das menschliche Verhalten außerhalb der Organisation, etwa politische Aktivitäten oder das Familienleben ihrer Mitglieder, können in einer Indifferenzzone bleiben, so der Organisationsforscher Chester Barnard (Barnard 1938). Es muss (und darf) von der Organisation nicht kontrolliert werden (vgl. Luhmann 1975, 8 f.). Das unterscheidet moderne Unternehmen zum Beispiel von mittelalterlichen Gilden und ständischen Zünften, die nicht nur das Berufsleben ihrer Mitglieder, sondern weite Teile ihres sozialen Lebens verregelten.

Der Schutz der Rollentrennung gilt für beide Seiten. Wie die Organisation die Immunität der Mitgliedsrolle gegenüber privaten Wünschen der Person verlangen kann, dürfen die Mitglieder erwarten, dass ihre persönlichen Beziehungen, Ressourcen, Schwierigkeiten und Möglichkeiten ihre persönlichen bleiben und dem Zugriff der Organisation entzogen sind. Der Freundeskreis, das Ferienhaus, der Zweitwagen, der Therapeut oder die Kontakte zur lokalen Bundestagsabgeordneten könnten für den Arbeitgeber zwar nützlich sein, gehen ihn aber nichts an. Man kann dieses Verhältnis der bewussten Nichtbeachtung als für beide Seiten funktionale »doppelte Ignoranz« beschreiben (Kühl 2019, 6).

Fordert eine Organisation ihre Mitglieder dagegen auf, sich als ganzer Mensch einzubringen, also die Grenzen ihrer Mitgliedsrolle zu verlassen, kann es zu interessanten Kollisionen kommen. Das erlebte die Kaffee-Kette Starbucks, zu deren Kommunikationsdesign der informale, scheinbar private Umgangston und die zwanghafte Zwanglosigkeit der Duz-Konvention gegenüber den Kunden gehört. Im Juni 2020 reagierte der Konzern auf Tresenkräfte, die bei der Arbeit »Black Lives Matter«-T-Shirts trugen, mit Verbot des politischen Statements. Als das in der interessierten Öffentlichkeit für Ärger sorgte, versuchte sich ein Starbucks-Sprecher mit paradoxen Bekenntnissen in der Kunst des Spagats: »Wir respektieren alle Meinungen und Überzeugungen unserer Partner und ermutigen sie, ihr ganzes Selbst zur Arbeit zu bringen, während sie unseren

Dresscode befolgen« (Spiegel Online, 2020). Die Selbstverwirklichungs-Rhetorik, die Servicekräfte sollten »ihr ganzes Selbst zur Arbeit bringen«, implodiert in dem Augenblick, in dem diese die Aufforderung wörtlich nehmen und als Freiraum für ihr Statement nutzen. Die Ermutigung, die Servicekräfte sollten an der Cappuccino-Maschine ganz sie selbst sein, kommt an eine Grenze, wenn zu diesem Selbst auch Diskriminierungserfahrung oder politische Überzeugungen gehören. Entsprechend gewunden klingt die Erklärung des Starbucks-Sprechers: Bringt euer »ganzes Selbst zur Arbeit« mit, zeigt es aber bitte nur im Rahmen des Dresscodes. Nimmt man das ernst, gleicht es einer Aufforderung zur Schizophrenie. Die Pirouetten zwischen Sei-du-selbst-Rhetorik und Dresscode-oder-Kündigung-Drohung sind in ihrer Hilflosigkeit symptomatisch. Daneben wirkt die Uniformpflicht bei McDonald's zumindest ehrlich.

Zwischen Mensch und Mitglied fein säuberlich zu unterscheiden ist schon aus Gründen der Hygiene und menschlichen Selbstachtung geboten: Menschen sind einzigartig (sogar solche, die man nicht mag). Organisationsmitglieder müssen austauschbar sein (auch solche, die man schon lange kennt und schätzt). Es ist für die Organisation notwendig, sich bei Bedarf oder Fehlverhalten ohne größere Komplikationen von Mitgliedern trennen zu können. Dafür angelegte Routinen, »procedures for replacing members«, sind für den Soziologen Theodore Caplow geradezu unabdingbare Elemente jeder Organisation (Caplow 1964, 1). Das unterscheidet Organisationen von anderen sozialen Gefügen, zum Beispiel Familien oder Freundschaften (mehr dazu im Kapitel → Das ging an deine Privatadresse). Weil die Organisation ihre Mitglieder nicht als Personen, sondern als Funktionen benötigt, sind sie durch funktionale

Äquivalente substituierbar – durch Maschinen, Algorithmen, andere Mitglieder. Fällt der Bedarf nach ihrer Funktion weg, etwa weil ein Werk geschlossen, eine Abteilung nicht mehr benötigt oder eine Zeitschrift eingestellt wird, hat die Organisation keine Verwendung mehr für sie.

Auch diese Austauschbarkeit gilt in beide Richtungen, schließlich erfüllt auch die Organisation für das nur partiell engagierte Mitglied lediglich Funktionen (zum Beispiel das Gehalt zu überweisen). Weil man der Organisation nur als Mitglied, etwa als Angestellte, und nicht als »ganzer Mensch« verbunden ist, kann man die Mitgliedschaft bei Bedarf oder attraktiveren Alternativen unsentimental und ohne Amokläufe beenden – ein deutlicher Vorteil des Angestelltenverhältnisses gegenüber der Leibeigenschaft oder einer unglücklichen Ehe.

Dass die Firma anderen Illusionen zum Trotz keine große Familie ist, erfahren Angestellte spätestens bei Entlassungsrunden. Entsprechende Illusionen (und damit gute Chancen auf schmerzhafte Desillusionierungen) sind auch in den oberen Etagen verbreitet. Die Verwechslung der Untergebenen mit Freunden, die Hoffnung, die Respektbezeugungen gelten der eigenen Person und nicht der Position, die Annahme der eigenen Unersetzbarkeit können sich als Irrtum herausstellen. Die oder der Vorgesetzte »(...) findet im Untergebenen eine Reaktion auf seinen Rang, nicht auf sich selbst. Er wird auf diese Weise menschlich isoliert und muss die Respektbarrieren erst in gewissem Umfang niederfeilen, um als Persönlichkeit auftreten zu können« (Luhmann 1964, 352 f.). Das mag persönlich kränkend sein (zumindest wenn man von der Organisation etwas erwartet, wofür sie nicht zuständig ist: die Versorgung mit Freundschaft und Nestwärme beispielsweise), ist aber Organisationsrealität. Die klare Sicht auf die »Barrieren« (die nicht nur aus Respekt, sondern auch aus Gründen des Selbstschutzes, im Bewusstsein divergierender Interessen oder offenkundiger Macht-Asymmetrien errichtet werden), liegt im Interesse der Beteiligten. »Niederfeilen« lassen sie sich nur begrenzt. Die Beteiligten müssten dafür ihr menschliches Verhältnis über die Mitgliedschaftsbedingungen stellen und geraten damit in das Dilemma, bei Konflikten wahlweise ihre Freundschaften oder ihre Loyalitätspflichten gegenüber der Organisation verraten zu müssen.

Zumeist erfolgt die Grenzüberschreitung nicht zulasten der Organisation und mit zumindest persönlich guten Gründen, sondern genau umgekehrt: mit weniger guten Gründen und übergriffig seitens der Organisation zulasten der Personen. Management-Methoden, die darauf zielen, die Barrieren zwischen Mensch und Organisation einzureißen, sind nichts anderes als Anleitungen zur Übergriffigkeit.

Ein Beispiel dafür ist das viel gepriesene Modell der transformationalen Führung (mehr dazu im Abschnitt »Moralisierung: Du musst es nur wollen!« des Kapitels → Warum sachlich, wenn es auch persönlich geht). Es geht davon aus, dass Führungskräfte so geschult werden müssen (und können), dass sie mit antrainiertem Charisma und persönlicher Motivation (oder notfalls deren Simulation) ihre Untergebenen mitreißen. Das ist im ersten Schritt übergriffig gegenüber den Vorgesetzten: Ihr Charakterprofil soll darauf ausgerichtet werden, den Ansprüchen dieser Definition von Führung zu genügen – als wären Menschen Playmobil-Figuren, die sich nach Belieben bewegen lassen. Im zweiten Schritt findet der Übergriff gegenüber den Un-

»Zwischen Mensch und Mitglied fein säuberlich zu unterscheiden ist schon aus Gründen der Hygiene und menschlichen Selbstachtung geboten: Menschen sind einzigartig (sogar solche, die man nicht mag). Organisationsmitglieder müssen austauschbar sein (auch solche, die man schon lange kennt und schätzt).«

tergebenen statt, denen die von Luhmann beschriebenen Barrieren nicht zugestanden werden. Die persönliche Loyalität gegenüber dem Vorgesetzten und zwischenmenschliche Solidarität sollen als Motivationsverstärker instrumentalisiert werden (vgl. Drepper 2008, 3198).

Die Unterscheidung zwischen Mensch und Organisationsmitglied mag kontraintuitiv sein, aber sie ist bestechend hilfreich. Man kann darauf verzichten, die Unterscheidung zwischen Organisationsrolle und Mensch, zwischen Funktion und Person kulturpessimistisch als Entfremdung, stahlhartes Gehäuse oder Kälte einer unpersönlichen Bürokratie zu beklagen. Im Gegenteil: Es gibt gute Gründe sie zu begrüßen.

Wer in einer Coaching-Situation unter Kollegen aufgefordert wird, ganz offen über seine Gefühle zu sprechen, wird sorgfältig kontrollieren, was er sagt und was er besser für sich behält. Das Dickicht zwischen Mensch und Organisationsmitglied, der Wechsel zwischen zwischenmenschlicher und organisationsfunktionaler Interaktion, verlangt Aufmerksamkeit und die Kontrolle der eigenen Ausdrucksmittel. In Organisationen, die die Darstellung innerer Anteilnahme und einer gewissen Begeisterungsfähigkeit erwarten (etwa Start-ups, Agenturen, Unternehmen der Kreativwirtschaft, seltener Konzerne), lernt man schnell, die eingeforderte Authentizität zu simulieren und die entsprechende Selbstdarstellungs-Performance zu zeigen. Die Rhetorik von Authentizität, Sinn und Spontaneität wird selbstreferenziell: Ihr Einsatz demonstriert lediglich, dass man weiß, dass diese Authentizitätsgesten erwartet werden und bereit ist, sie zu liefern.

Man könnte das als Unehrlichkeit beklagen, aber die Selbstdarstellungs-Performance antwortet lediglich klug auf die Verhaltenszumutung der Organisation: Man hält sich ihre Aufdringlichkeiten mit einem professionellen Bluff vom Leib. Die Glanzleistung im Theater der Organisation schützt nicht nur die Authentizitäts-Performer, die ihre privaten Gefühle für sich behalten wollen, sondern auch die Organisation, die von ihren Mitgliedern authentische Gefühle verlangt – also etwas, das sich mit Mitteln der Organisation kaum bearbeiten lässt. Würden naive Mitglieder die Authentizitäts-Aufforderungen ernst nehmen und all ihre Wünsche, Kommunikations- und Anerkennungsbedürfnisse am Arbeitsplatz zur freien Entfaltung bringen, wäre jedes Unternehmen schnell überfordert. Schon deshalb erwarten Organisationen von ihren Mitgliedern selbstverständlich und jederzeit, was man von Menschen, erst recht von jenen im Modus des authentischen Selbstausdrucks, nicht unbedingt jederzeit erwarten kann: die »Vertagung von Gefühlen und Ausdrucksbedürfnissen« (Luhmann 1964, 26), am besten auf die Zeit nach Feierabend oder dem Ausscheiden aus der Organisation.

Das bedeutet nicht die Entmenschlichung der Mitglieder, im Gegenteil. Es schützt die Organisation lediglich davor, als Bühne für spontane Gefühlsdarbietungen missverstanden zu werden. »Soweit das Handeln des Menschen in die Organisation hineingezogen wird, dient es nicht mehr ohne weiteres seiner Selbstdarstellung«, konstatiert Luhmann (Luhmann 1964, 26). Es hat den Anforderungen des Konzerns, des Einzelhandelsunternehmens oder des Krankenhauses zu dienen, ist also funktional und nicht ungefilterter Ausdruck der Persönlichkeit. Das gilt auch für Berufe, zu deren funktionalen Anforderungen zutiefst menschliche Regungen wie Freundlichkeit oder Anteilnahme gehören, etwa in der Pflege, bei pädagogischen Berufen oder Service-Tätigkeiten. Aber dieser gezielte Einsatz menschlicher Gefühle (oder ihrer Darstellung) sind funktional, also Mittel zum Zweck der Berufsausübung – und damit genau nicht ungefilterter Ausdruck der Persönlichkeit. Das Lächeln der Stewardess, die Empathie des Krankenpflegers, die Aufmerksamkeit der Lehrerin, die gute Laune des Werbers im Kundengespräch oder der Wutausbruch der Schauspielerin im dritten Akt zählen zu ihren Organisationsrollen. Sie sind professionell abrufbar, unabhängig von Stimmungen und Tagesform oder der persönlichen Sympathie oder Antipathie für das jeweilige Gegenüber (vgl. Hochschild 2006, Rastetter 2008). Im Theater der Organisation wird die funktionsgerechte menschliche Selbstdarstellung zur Dienstleistung, die sich im engen Rahmen der Verhaltenserwartungen der Organisation bewegt.

Die Fähigkeit, zwischen Menschen und Organisationsmitgliedern zu unterscheiden, ist eine Errungenschaft der modernen Gesellschaft – und die Voraussetzung moderner Organisationen. Im Organisationsalltag wird diese Unterscheidung häufig verwischt und unterlaufen. Aber zu wissen, in welchen Situationen man als Privatperson auftritt und wahrgenommen wird und in welchen man in der Organisationsrolle eines Mitglieds handelt, ist ungemein entlastend. Das schafft die nötige Klarheit – zum Beispiel um legitime von illegitimen Erwartungen zu unterscheiden. Rollentrennung schützt beide Seiten, die Organisation und ihr Mitglied, vor Übergriffigkeit.

WARUM SACHLICH, WENN ES AUCH PERSÖNLICH GEHT

WESHALB ORGANISATIONEN FEHLER LIEBER BEI IHREN MITGLIEDERN SUCHEN ALS BEI SICH SELBST

Wer in einer Organisation arbeitet, kennt das Muster: Geht etwas schief, muss jemand daran schuld sein. Natürlich auch dann, wenn sich an mangelnder Produktqualität, nicht eingehaltenen Fristen, Umsatzeinbußen oder Unfallhäufigkeit durch den Austausch von Personen nichts ändert. Niklas Luhmann attestiert solchen Schuldzuweisungen an Personen eine Entlastungsfunktion: Sie »lenken von den eigentlichen Quellen des Übels in der dominierenden formalen Struktur ab und dirigieren die Vorwürfe ins Persönliche und Moralische, wo sie ohne Konsequenzen verhallen« (Luhmann 1964, 51 f.). Oder auch mit Konsequenzen für Personen, die sanktioniert oder aus der Organisation entfernt werden. Die »eigentlichen Quellen des Übels in der dominierenden formalen Struktur« wird das nicht beheben. Dass man diesem Schema und seinen Wahrnehmungsblockaden dennoch verhaftet bleibt, statt die Strukturprobleme zu bearbeiten, verdankt sich seiner Entlastungsfunktion: Es ist schlicht bequemer, die Ursache für fehlerhaftes Handeln bei den beteiligten Personen zu suchen, als die Defizite der Organisationsstruktur zu identifizieren und sie entsprechend umzubauen. Mit dem Verweis auf Fehler der Personen lässt sich leicht argumentieren, schließlich konnte man sie bei ihren Handlungen beobachten. Der Scheinevidenz-Diagnose folgen Konsequenzen in Form von Personalgesprächen, Abmahnungen oder anderen Manövern der Personen-Bearbeitung. Wenn die Strukturdefizite nicht behoben werden, sind das lediglich hilflose Ablenkungsmanöver.

Wir konnten dieses Muster bei einem großen Mittelständler, einem britischen Konsumgüterhersteller, wie in einer Großaufnahme beobachten. Das Unternehmen suchte einen neuen Marketingchef, es wäre der achte in zehn Jahren gewesen. Seine Vorgänger waren renommierte Manager. Keiner von ihnen konnte sich lange auf der Stelle halten. Offenbar lag das Problem also nicht nur bei den jeweiligen Personen. Es gab im Vorstand keine klare Vorstellung darüber, welche Zielgruppen man erreichen und wie man das Produktportfolio weiterentwickeln will. Die Verantwortlichen für Vertrieb, Finanzen und Produktion belauerten sich in einem ausgesprochenen Konkurrenzverhältnis. Jeder von ihnen hatte andere Erwartungen an das Marketing und andere Vorstellungen von der Positionierung der Marken des Unternehmens. Statt diese Widersprüche zu lösen, suchten Vorstand und Aufsichtsrat die Schuld reflexartig bei den jeweiligen Marketingverantwortlichen. Sie wurden durchgängig als schlecht, unfähig, nicht engagiert diskreditiert. Ein Effekt dieser Entlastungsspiele: Weil der schnelle Mitarbeiterverschleiß irgendwann auch Außenstehenden auffiel, wurde es schwierig, qualifizierte Leute für die Position zu gewinnen. Die Personenzuschreibung funktionierte wie eine Sichtblende und diente als Strukturschutz. Der Vorstand gab sich geradezu Mühe, die strukturellen Probleme nicht zu benennen. Das kann aus Sicht des einzelnen Vorstandsmitglieds sogar funktional sein, zum Beispiel um sich selbst zu schützen. Für das Unternehmen führt es zu einer Wahrnehmungsblockade.

Personenzuschreibungen, die die Verantwortung von der Struktur der Organisation auf die Menschen verschieben, sind gegenüber den Personen unfair, aus Sicht der Organisation aber zumindest kurzfristig funktional: Sie schützen ihre Struktur. Der Preis dafür sind die Stabilisierung von Strukturdefiziten und die Folgeprobleme der Schein-Lösungen.

Wir haben drei Mechanismen identifiziert, mit denen die Probleme der Organisation auf deren Mitglieder verschoben werden:

Psychologisierung

Organisationen glauben, sie könnten persönliche Eigenschaften ihrer Mitglieder an die Bedürfnisse der Organisation anpassen.

Moralisierung

Es wird obligatorisch, den Beruf mit einer Berufung zu verwechseln.

Überdehnung formaler Pflichten:

Organisationsmitglieder müssen Aufgaben bewältigen, ohne dass ihnen die Organisation die dafür notwendigen Mittel zur Verfügung stellt.

Im Folgenden untersuchen wir den Einsatz dieser Mechanismen und ihre Folgen. Sie sind nicht immer im Interesse der Organisation und fast immer eine Zumutung für die Personen.

Psychologisierung: Tut mir leid, es liegt an dir!

Wer Kinder erzieht, in einer Partnerschaft lebt (oder ihr Scheitern hinter sich hat), mit den störrischen Eltern zurechtkommen muss oder auch nur die Jugendfreundinnen oder Nachbarn ertragen will, ahnt, dass es nicht ganz einfach ist, Menschen zu ändern. Zum Beispiel sich selbst. Die Vorstellung, das wäre mit einigen Coaching-Stunden zu erledigen, ist grotesk, also gleichzeitig grausam und komisch. Sie zeugt von der Annahme, bei Mitarbeiterinnen und Mitarbeitern handle es sich um eine Art nicht allzu komplizierter Maschinen, die sich mit einigen Handgriffen neu justieren lassen. Organisationen sind zwar entgegen älteren Vorstellungen auch keine Maschinen der reinen Zweckrationalität, aber im Gegensatz zur Mitarbeiter-Eigenschaft »Mensch« sind ihre Formalstrukturen den Entscheidungen des Managements zugänglich. Die Organisationsstrukturen zu gestalten ist eine seiner Kernaufgaben (die Formalstruktur untersuchen wir näher im Kapitel → Das Wechselspiel von Formalität und Informalität). Im Gegensatz dazu liegt die Zurichtung von Charakterprofilen, Überzeugungen und Gefühlen von Menschen außerhalb der Verantwortung der Organisation – auch wenn diese Menschen ihre Mitglieder sind. Solange deren persönliche Eigenheiten oder Haltungen nicht mit zivilisierten Umgangsformen und den formalen Verhaltenserwartungen der Organisation kollidieren, gehen sie die Vorgesetzten nichts an.

Dennoch erfreuen sich Coachings und andere Methoden der Mitarbeiterbearbeitung unter Personalverantwortlichen und im Mittelmanagement einer anhaltenden Popularität. Beim Einsatz einer Methode wie beispielsweise

Spiral Dynamics hofft man, dass durch das künstliche Erzeugen von Gruppendynamiken Luhmanns »Respektbarriere« und die professionelle Distanz zwischen den Kolleginnen und Kollegen überwunden werden. Auf diese Weise will man, ähnlich wie beim Konzept der Transformationalen Führung, zwischenmenschliche Nähe, Freundschaften und das Vertrauen privater Beziehungen als Ressource für die Organisation verfügbar machen.

Die Beliebtheit solcher auf leichte Handhabbarkeit angelegter Methoden und ihrer etwas mechanischen Theorie-Schablonen verkennt Einsichten, die sich schon in der Psychoanalyse finden. Ihr Gegenstand sind die Eigendynamiken und Verletzungen der menschlichen Psyche. Das altgriechische *psyche* steht für Atem, Hauch, Seele, *analysis* für Zerlegung, Untersuchung, Enträtselung. Der Versuch, gesprächsweise die Zerlegung der Seele im Organisationskontext zu bemühen, ist anmaßend. Mitarbeiterinnen und Mitarbeiter, die sich ihre Selbstachtung bewahren konnten, werden sich nicht gern dazu drängen lassen, die eigenen seelischen Konflikte ausgerechnet in einem Besprechungsraum der Büroetage, in Anwesenheit von Vorgesetzten und Kollegen, zum Nutzen der Hebung der Arbeitsproduktivität offenzulegen.

Um Missverständnissen vorzubeugen: Natürlich können Coachings und Psychotherapien dabei helfen, Verhaltensmuster zu reflektieren oder private Krisen zu bewältigen. Aber das sind individuelle, häufig nicht ganz unkomplizierte, auch schmerzhafte und schambesetzte Entscheidungen. Dabei werden persönliche Konflikte bearbeitet und nicht die Ineffizienz einer Verwaltungsabteilung, die Kostenstruktur eines Pflegeheims oder die Restrukturierung im Mittelmanagement eines Automobilzulieferers. Es ist ein völlig anderer Vorgang, ob Menschen aus persönlichen Gründen eine Psychoanalyse oder eine andere Form der Psychotherapie in Anspruch nehmen oder ob eine Organisation ihre Mitglieder zu Manövern der Persönlichkeits- und Verhaltensoptimierung drängt. Die mit der Mitgliedschaft in der Organisation verbundenen formalen Verhaltenserwartungen müssen der Organisation als Steuerungsinstrument genügen. Ist das nicht der Fall, handelt es sich nicht um ein psychologisches Problem, sondern um ein Problem der Organisation. Das bedeutet: Die Organisation muss nicht ihre Mitglieder, sondern ihre Strukturen bearbeiten.

Reflektierter Einsatz von Coachings in Organisationen setzt voraus, sie nicht mit Wunderwaffen zu verwechseln und ihre Grenzen deutlich zu sehen. In Unternehmen und anderen Organisationen sollten sie nicht mit den Ziel verwendet werden, Persönlichkeiten umzubauen um Organisationsdefizite zu kompensieren (was sie nicht können), sondern deutlich bescheideneren Zwecken dienen – etwa um professionelles Verhalten zu unterstützen. Für Mitarbeiter des Rechnungswesens, die im Kundenkontakt aushelfen sollen, kann ein Training nützlich sein. Einer introvertierten Vorgesetzten, die unter Panikattacken leidet, wenn sie vor größeren Gruppen sprechen muss, kann ein Coaching helfen – oder eine Position, in der öffentliche Auftritte nicht zu ihren Aufgaben zählen.

Weil mit der persönlichen Organisationsmacht auch die Möglichkeit wächst, sie zu missbrauchen, ist ein aufgeklärter Umgang mit den eigenen Verhaltensmustern bei Führungskräften hilfreich. Ein Mindestmaß an Selbstkontrolle erhöht die Chancen, der eigenen Umgebung Ego-Berauschung, Erniedrigungsspiele, cholerische Anfälle und

»Natürlich können Coachings und Psychotherapien dabei helfen, Verhaltensmuster zu reflektieren oder private Krisen zu bewältigen. Aber das sind individuelle, häufig nicht ganz unkomplizierte, auch schmerzhafte und schambesetzte Entscheidungen. Dabei werden persönliche Konflikte bearbeitet und nicht die Ineffizienz einer Verwaltungsabteilung, die Kostenstruktur eines Pflegeheims oder die Restrukturierung im Mittelmanagement eines Automobilzulieferers.«

emotionale Übergriffe zu ersparen. Niemand weiß besser als Untergebene, welche Verhaltensweisen ein Vorgesetzter, eine Chefin dringend ändern sollte. Deshalb kann man auch fragen, ob Coachings nicht von unten nach oben angeordnet werden sollten.

Coaching als Demütigungs-Ritual

Coachings können gezielt als Machtinstrument eingesetzt werden, sei es zur Belohnung, sei es als Sanktionsmaßnahme. Sie können als Absicherungsmechanismus funktional sein, etwa um bei Bedarf gegenüber Gerichten oder der Öffentlichkeit nachzuweisen, dass die Organisation alles Notwendige und ihr Mögliche zum Schutz ihrer Mitglieder gegen Mobbing, Sexismus und Diskriminierung am Arbeitsplatz unternommen hat. Dabei dienen Coachings allerdings auch als Ablenkungsinstrument, als kosmetische Maßnahme im Schauseiten-Management oder als rein formale Oberflächenbehandlung tiefer liegender Probleme. Und sie können von den Beteiligten wie im folgenden Beispiel für ganz andere Zwecke benutzt werden. Unter Umständen tragen Coachings sogar dazu bei, Konflikte zu verschärfen. Deshalb verlangt ihr Einsatz statt der naiven Erwartung, Umgangsformen, Einstellungsmuster und Interaktionsroutinen nachjustieren und glattschleifen zu können, zumindest die Reflexion und Beobachtung der aus ihrer Verwendung resultierenden Folgeprobleme. Wie Coachings auf eigenwillige Weise und durchaus brutal missbraucht werden, haben wir in unserer Beratungspraxis beobachtet.

Die Führungskraft eines Dax-Konzerns, unmittelbar unterhalb des Vorstands, ist mit einer Mitarbeiterin in der Produktentwicklung befreundet. Der Manager setzt seine

Vertraute regelmäßig und gezielt als Informationskanal oder zur Durchsetzung von Machtinteressen ein – auch gegen die Interessen der anderen Mitarbeiter der Produktentwicklung. Das hilft der Führungskraft und verleiht der Mitarbeiterin zusätzliche Macht (oder zumindest Nähe zum Mächtigen), allerdings um den Preis der offenkundigen Illoyalität gegenüber ihren unmittelbaren Kolleginnen und Kollegen. Die Mitarbeiterin würde gern weiter aufsteigen, eine entsprechende Position wird unternehmensintern ausgeschrieben, sie ist für die Stelle fachlich qualifiziert. Zum Beförderungs-Prozedere gehört ein 360-Grad-Feedback durch ihre bisherigen Kolleginnen und Kollegen, die ihr bei dieser Gelegenheit die nötigen Führungskompetenzen absprechen – das Feedback als Rachespiel im Theater der Organisation. In der Folge muss die Mitarbeiterin ein Coaching über sich ergehen lassen, das ihre Führungsqualitäten evaluieren und verbessern soll. Der Coach spricht mit ihren Kolleginnen und zwingt die Karrierekandidatin, auf deren missgünstige Bewertungen einzugehen. Das demütigende Verfahren zieht sich mit regelmäßigen Gesprächsterminen über mehrere Monate hin.

Die Situation ist nicht ohne Ironie. Im ersten Schritt baut die Organisation mit dem 360-Grad-Feedback und der Evaluierung der Person eine Routine ein, die den Missbrauch von Organisationsressourcen für persönliche Zwecke verhindern soll. Im zweiten Schritt wird genau diese Routine als von der Organisation zur Verfügung gestellte Ressource für persönliche Zwecke der Rache und Missgunst gegenüber der unbeliebten Kollegin verwendet.

Organisationen sind nicht die Therapeuten ihrer Mitglieder. Die Vermutung, Menschen ließen sich für die Bedürfnisse der Organisation (und zur Kompensation ihrer Strukturdefizite) beliebig umformen und manipulieren, ist anmaßend und naiv. Im Ergebnis führen solche Methoden der Personenbearbeitung zu Zynismus aufseiten der derart bedrängten Personen. Wenn eine Organisation Coachings einsetzt, sollte sie zumindest wissen, was sie tut und mit unbeabsichtigten Risiken und Nebenwirkungen rechnen.

Moralisierung: Du musst es nur wollen!

Eine andere Methode, mit der Organisationen die Bearbeitung ihrer Defizite auf Personen verlagern, sind Appelle an deren Moral. Luhmann versteht unter Moral »eine besondere Art von Kommunikation, die Hinweise auf Achtung und Missachtung mitführt. Dabei geht es nicht um gute oder schlechte Leistungen in spezifischen Hinsichten, etwa als Astronaut, Musiker, Forscher oder Fußballspieler, sondern um die ganze Person« (Luhmann 1990, 256 f.). Auf diese »ganze Person« hat die Organisation keine Zugriffsrechte. Ihre Mitglieder mit Moral-Kommunikation zu behelligen ist übergriffig.

Nach unserer Beobachtung nutzen Organisationen moralische Appelle, wenn ihnen keine Möglichkeiten zur Verfügung stehen, gewünschtes Verhalten formal einzufordern – etwa weil sich ihre Begehrlichkeiten schlecht als Pflichten im Arbeitsvertrag fixieren lassen. Deswegen benötigen Moral-Appelle meist eine außeralltägliche Herleitung. Für Routine-Aufgaben ist ihr Einsatz unbrauchbar. Moral-Kommunikation braucht den Moment der Dringlichkeit: »Nur wenn es brenzlig wird, hat man Anlass, die Bedingungen anzudeuten oder gar explizit zu benennen, unter denen man andere bzw. sich selbst achtet oder nicht achtet« (Luhmann 1990, 257). Weil Moral-Kommunikation »keineswegs laufend eingesetzt« werden kann, attestiert ihr Luhmann, »etwas leicht Pathologisches an sich« zu haben (Luhmann 1990, 257).

Wenn nicht vorhanden, muss die Brenzligkeit der Situation zumindest dargestellt werden, etwa mit der Behauptung, dass das Wohl und der Weiterbestand des Unternehmens vom richtigen Handeln derjenigen abhängt, an die sich der Appell richtet. Auch das hat, erst recht bei inflationärem Einsatz, »etwas leicht Pathologisches«. Deshalb löst überhandnehmende Moral-Kommunikation bei erfahrenen Organisationsmitgliedern keine Motivationsschübe, sondern Misstrauen aus. Motivations-Appelle und andere Formen der Moral-Kommunikation deuten zumindest latent die Möglichkeit der moralischen Missachtung der ganzen Person an. Zum Beispiel wenn sich eigenwillige Mitglieder der Organisation von der Aufforderung zu Identifikation, intrinsischer Motivation und selbstlosem Engagement nicht angesprochen fühlen sollten und sich stattdessen stoisch mit der Erfüllung ihrer formalen Verpflichtungen begnügen.

Natürlich sind viele Menschen vom Sinn ihres Berufs überzeugt und ziehen aus ihm Befriedigung. In der Forschung oder in der Krankenpflege, in vielen Kreativberufen, bei therapeutischen oder pädagogischen Tätigkeiten wird man ohne die Ressourcen der intrinsischen Motivation nicht lange durchhalten. Aber das sind individuelle Dispositionen und Entscheidungen, die die Organisation nicht einfordern kann. Erst recht nicht, wenn ihr Zweck darin besteht, der Kundschaft Gummibärchen, Flugreisen, Steuerklärungen, Kaffeevollautomaten, Logistikdienstleistungen, Werkzeugmaschinen oder Change-Management-

Beratungen zur Verfügung zu stellen. Das sind alles ehrenwerte Unternehmenszwecke. Aber gewöhnliche Geschäftstätigkeit mit höherem Sinn zu überfrachten ist nicht mehr als etwas anmaßende Rhetorik.

Besonders deutlich lassen sich diese Mechanismen in Unternehmen beobachten, die sich als Purpose Driven Organization verstehen. Sie verknüpfen die Organisationsmitgliedschaft geradezu programmatisch mit Sinn-Angeboten und moralischen Ansprüchen. Was Luhmann »Leistungen in spezifischer Hinsicht« der nur »partiell engagierten« Mitglieder genannt hat, soll zu persönlichen Anliegen mutieren (oder zumindest als solche performt werden). Aus partiellem Engagement soll Einsatz ohne Grenzen werden. Man muss demonstrieren, dass man die Arbeitsleistung um ihrer selbst willen erbringt. Und nicht etwa nur, weil man dafür bezahlt wird und die Arbeit nun einmal zu den Pflichten eines Organisationsmitglieds gehört. Der dabei entstehende Druck, persönliche Identifikation (oder auch Commitment) zumindest zu simulieren, führt zu seltsamen Blüten im Theater der Organisation: Es genügt nicht, die Arbeit zu machen, man muss auch zeigen, dass man an sie glaubt.

Transformationale Führung: Wenn Vorgesetzte zu spirituellen Vorbildern werden sollen

Besonders verbreitet und beliebt sind Moral-Appelle im Konzept der transformationalen Führung. Es beschreibt erfolgreiche Führungskräfte, die systematisch die intrinsische Motivation der Organisationsmitglieder fördern und einfordern. Im Gegensatz zu transaktionaler Führung sind hier Tauschmittel (Geld gegen Arbeitskraft, Aufstiegschancen gegen Weiterbildung, Gefälligkeit gegen Gefälligkeit) keine zentralen Führungsinstrumente. (Die Bedeutung von Tauschmitteln als Führungsinstrumente betrachten wir im Kapitel → **Superman lebt hier nicht mehr**). Ziel der transformationalen Führung ist es, die Organisationsmitglieder von der Sinnhaftigkeit des Organisationsgeschehens zu überzeugen. In dieser Vorstellung versetzt ein tieferes Verständnis ihrer Arbeit die Organisationsmitglieder in die Lage, ihre Aufgaben mit Überzeugung, statt nur mechanisch und pflichtgemäß zu erledigen: Der Beruf soll als Berufung erlebt werden.

Das Konzept der transformationalen Führung ist eine Einladung zur Übergriffigkeit gegenüber den Organisationsmitgliedern: gegenüber den Untergebenen in Form von Appellen an ihre Motivation – und gegenüber den Führungskräften, die diese Motivation vorleben und ihre Mitarbeiter und Mitarbeiterinnen entsprechend bearbeiten müssen. Der Imperativ zielt auf die Führungskraft als ganze Person: Du sollst eine transformationale Führungskraft sein und mittels Ausstrahlung und Begeisterungsfähigkeit deine Leute mitreißen! Nur transformationale Führung ist gute Führung! Auf diese Weise werden Führungskräfte moralisch adressierbar.

Für die Leistungsfähigkeit der Organisation die persönlichen Leistungen einzelner Führungskräfte jenseits ihrer formalen Mitglieds-Aufgaben verantwortlich zu machen entlastet die Organisation zulasten der Personen. Das Konzept der transformationalen Führung liefert eine relative brachiale Antwort auf das Problem, dass Führungsleistungen nie vollständig institutionalisiert werden können (Luhmann 1964, 207). Führungsleistungen bleiben stets auf elementare Verhaltensweisen angewiesen und entziehen sich in dieser Hinsicht dem Zugriff der Organisation. Es lässt sich eben nicht vorschreiben, wie intensiv eine Führungskraft die ihr Untergebenen motivieren oder wie aufmerksam sie ihnen zuhören soll. Das macht Führung selbst zu einem besonderen Organisationsproblem: Organisationen sind auf Führungsleistungen angewiesen, die sie nicht strukturell verankern können. Deshalb bleiben sie immer abhängig von den Personen, die je nach Situation so oder anders oder auch gar nicht in Führung gehen.

Das Konzept der transformationalen Führung antwortet auf diese Problemlage, indem es verspricht, über die richtige Personalauswahl und -entwicklung dennoch Strukturlösungen in Gestalt von Personen zu gewährleisten: »Es ist leicht nachvollziehbar, dass jeder Unternehmensleiter von solchen Möglichkeiten begeistert sein muss, verheißen sie doch ungeahnte Erfolge aufgrund konfliktfreier Geschlossenheit und selbst- und grenzenlosen Arbeitseifers, der nicht überwacht und stimuliert werden muss, weil er mit der Urgewalt der Begeisterung alle mitreißt. Und all dies kann ein[e] einzelne Person leisten – wenn sie transformierend führt!« (Neuberger 2002, 200)

Aber die Aufgabe guten Organisierens besteht genau nicht darin, moralische Kategorien und entsprechende Signale der Achtung oder Missachtung von Personen zu konstruieren, sondern im exakten Gegenteil: dem Schutz der Personen vor solchen Grenzüberschreitungen. Das gilt auch für Fühungskräfte. Wenn sich Personalverantwortliche zu Propagandistinnen und Vorreitern derartiger Ideologien machen, dient das möglicherweise der eigenen Selbstaufwertung innerhalb der Organisation, nicht aber einer guten Arbeitsumgebung. Wenn die Organisation gegenüber ihren Mitgliedern auf Moral-Kommunikation zurückgreift, zeigt das im harmlosen Fall den Ehrgeiz von HR-Verantwortlichen auf der Suche nach Einfluss und Bedeutung. Im weniger harmlosen Fall handelt es sich um ein Krisen-Symptom. Eine Organisation, die auf Moral-Appelle angewiesen ist, demonstriert, dass sie ihren Strukturen nicht zutraut, ihre Probleme zu bewältigen. Wird man etwas zu oft aufgefordert, für den Job zu »brennen«, wird es Zeit, sich um den Arbeitgeber Sorgen zu machen, der ohne derart brennende Mitarbeiterinnen und Mitarbeiter offenbar nicht zurechtkommt.

Die Aufgabe guten Organisierens besteht nicht darin, die endliche Ressource der intrinsischen Motivation auszubeuten, sondern im Gegenteil: darauf zu achten, dass Motivation nicht durch Missbrauch ausgelaugt wird. Genau das aber geschieht, wenn Personen in ihrem Engagement ausgenutzt und zum Puffer für Organisationsdefizite gemacht werden.

Überdehnung formaler Pflichten: Sie schaffen das!

Wenn Organisationen wollen, dass ihre Mitglieder bestimmte Aufgaben erledigen, stehen ihnen zwei Möglichkeiten zur Verfügung. Erstens: Sie können Bedingungen formulieren, die bestimmte Reaktionen erfordern. Die Erledigung der jeweiligen Aufgabe kann Schritt für Schritt vorgeschrieben und kontrolliert werden: Wenn Tatbestand x, folgt daraus Handlung y. Wenn der Gast ein Bier bestellt, bringt der Kellner es ihm. Wenn die Rechnung nicht bezahlt wird, leitet die Sachbearbeiterin (oder ein Algorithmus) das Mahnverfahren ein. Das sind Konditionalprogramme.

Die zweite Möglichkeit besteht darin, einen Zweck, ein bestimmtes Ziel, ein Endergebnis zu definieren und es den für die Bewältigung dieser Aufgabe zuständigen Mitgliedern der Organisation zu überlassen, wie sie dieses Ziel mit den ihnen dafür zur Verfügung gestellten Mitteln erreichen: Die Fracht muss bis Dienstag um 9.00 Uhr beim Kunden in Marseille sein. Das Gebäudemanagement muss die Energiekosten um zwei Prozent senken. Die Entwürfe für die Werbekampagne müssen den Kunden am kommenden Montag präsentiert werden. Die Theaterpremiere muss am 4. Juni stattfinden und sollte bitte ein Erfolg werden. Das sind Zweckprogramme. Sie lassen den Beteiligten größere Entscheidungsspielräume als Konditionalprogramme. Allerdings eröffnen sie der Organisation auch Möglichkeiten, die formalen Pflichten ihrer Mitglieder zu überdehnen und sie zu Selbstausbeutung zu nötigen.

Konditionalprogramme haben im modernen Managementdiskurs einen unverdient schlechten Ruf. Ihnen haftet der Makel der Beamtenstuben an, in denen Formulare von Bittstellern auf den kleinsten Fehler geprüft und die Routinen des Dienstwegs so eisern wie einfallslos und vorhersehbar abgearbeitet werden. Konditionalprogramme gelten als unzumutbar langsam, erbarmungslos verregelt und unflexibel. Aber richtig eingesetzt dienen sie nicht nur der Verfahrenssicherheit der Organisation, sondern auch der Entlastung ihrer Mitglieder. Sie müssen die Lösungen nicht selbst beschaffen oder heikle Einzelfallentscheidungen treffen, sondern können sich darauf verlassen, dass sie richtig handeln, wenn sie den vorgeschriebenen Prozess befolgen. Das schafft Erwartungssicherheit und dadurch Raum, sich mit Problemen zu beschäftigen, die nicht mit Checklisten oder Standardverfahren lösbar sind.

Zweckprogramme dagegen gelten oft als perfekte Lösung für Probleme moderner Organisationen. Sie sollen Kreativität und Eigeninitiative freisetzen, zu überraschenden Problemlösungen führen, Lernprozesse und Kompetenzaufbau befördern und die Effizienz erhöhen. Wir wollen diese Effekte nicht negieren. Es kann klug und funktional sein, beispielsweise nicht alle Koordinationsnotwendigkeiten formal zu regeln, sondern sie der Interaktion zu überlassen.

Zweckprogramme können auch zur Zumutung werden. Das geschieht, wenn die von der Organisation zur Verfügung gestellten Ressourcen (wie Zeit, Personal, Informationen, Budget, Maschinen, Räume, Rechnerkapazitäten oder Führungsmittel) nicht genügen, um den gesetzten Zweck zu erfüllen. Dann wird der Appell zur Eigenverantwortung zur mehr oder weniger elegant kaschierten Aufforderung, sich über die Grenzen zum Beispiel der eigenen Arbeitszeit-Ressourcen, der Sicherheitsvorschriften oder der Befugnisse gegenüber Untergebenen hinwegzusetzen. (Ein Beispiel für solche Grenzüberschreitungen zur Kompensation fehlender Führungsmittel beschreiben wir im Kapitel → **Wenn zwei sich streiten.**) Typisch für überdehnte Zweckprogramme ist ein Satz wie: »Sie schaffen das schon irgendwie.« Das wichtigste Wort in dem als Ermunterung getarnten Befehl ist das »irgendwie«. Der Vorgesetzte als Vertreter der Formalstruktur will gar nicht so genau wissen, auf welchen Wegen das gewünschte Ziel erreicht wird. So lassen sich implizit Leistungen einfordern, die formal nicht verlangt werden können. Ein Beispiel dafür wäre eine Agenturchefin, die ihr Grafik-Team bittet, die Entwürfe für die Präsentation am nächsten Morgen bereit zu haben. Sie kann nicht offiziell Nachtarbeit anordnen, weiß aber, dass die Präsentation nur mit massiven Überstunden zu schaffen ist.

Ein Lehrfilm, der in der Kapitänsausbildung eingesetzt wird, bringt die Zumutung von Zweckprogrammen mit unzureichender Mittelausstattung auf eine scheinbar charmante, im Kern brutale Formel: »Amaze me!« Den Zielhafen bis zum vorgegebenen Datum zu erreichen ist ehrgeizig, aber »Sie schaffen das«. Damit verlangt der Reeder vom Kapitän, ohne es auszusprechen, die schnellere, aber gefährliche Route zu wählen. Die Ressource, die hier nicht ausreichend zur Verfügung steht, ist immer knapp: Zeit. Wer die Geschichte der »Titanic« kennt, weiß, wie das ausgehen kann. Die weniger glamouröse, aber unter Umständen genauso tödliche Variante ist Berufsalltag vieler übernächtigter Lkw-Fahrer, die irgendwie ihre Tour schaffen müssen. Das Zweckprogramm erzwingt mit unzureichender Mittelausstattung eine Grenzüberschreitung und hebelt zum Beispiel Sicherheitsroutinen aus. Die Sonderbelastung und Begleitrisiken der großzügig in die Grauzonen der Informalität verschobenen Mittel zum Zweck bleiben bei den Personen, die den gesetzten Zweck »irgendwie« erreichen müssen. Die Vorgesetzten bürden ihren Untergebenen den Regelverstoß auf, etwa gegen Sicherheitsvorschriften, Arbeitszeitbegrenzungen oder die Straßenverkehrsordnung. In unserem Beispiel werden Lkw-Fahrer zu Gesetzesverstößen gezwungen und dazu, sich potenziell in Unfallgefahr zu bringen. Dabei geraten sie in einen unlösbaren Konflikt mit den Regeln der Organisation: Wenn die Fahrer das angeordnete Zweckprogramm erfüllen wollen, müssen sie gegen formale Regeln (sowohl ihres Arbeitgebers wie des Gesetzgebers) verstoßen. Wenn sie sich an die Regeln halten, können sie das Zweckprogramm nicht erfüllen und verstoßen so wieder gegen die formalen Erwartungen der Firma – eine perfekte Falle.

Eine Organisation, die ihre Mitglieder auf diese Weise widersprüchlichen Anforderungen und paradoxen Handlungsanweisungen aussetzt, verschiebt damit ihre eigenen, nicht gelösten Organisationsprobleme auf ihre Mitglieder.

Ein Industriezulieferer, den wir beraten haben, kann bei Produktionsengpässen nur entweder verspätet oder unter Qualitätsmängeln liefern. Die Vertriebsmitarbeiterinnen müssen sich entscheiden, was sie ihren Kunden zumuten wollen: Lieferverzug oder Qualitätseinbußen. Mit jeder der beiden möglichen Entscheidungen verstoßen sie gegen Lieferverträge. Ihre Entscheidung ist von der Formalstruktur der Organisation erzwungen, aber nicht gedeckt. Die Firmenleitung kann das Problem nicht offen ansprechen und anordnen, minderwertige Produkte zu liefern oder Fristen nicht einzuhalten. Sie kann nur wegsehen und die Lösung des Problems der Informalität überlassen: Die Vertriebskollegen sollen sich mit den Kunden irgendwie arrangieren.

Auch die Medienbranche kennt widersprüchliche Zielvorgaben: Das Drehbuch für einen »Tatort« soll experimentierfreudig sein, das TV-Publikum aber nicht überfordern, überraschende neue Seiten im Charakter der Ermittler zeigen, aber im Vertrauten bleiben, Jugendliche erreichen und die Kernzielgruppe der 50- bis 79-Jährigen nicht verlieren. Ein Dokumentarfilm soll authentisch und trotzdem perfekt inszeniert, aber natürlich nicht zu teuer sein. Die Ressource, die das Zweckprogramm in diesem Fall nicht zur Verfügung stellt, ist die Orientierung: Die Organisation weiß nicht, was sie will, also fordert sie von der

Person sicherheitshalber alles Mögliche ein. Es bleibt den Drehbuchautoren, Dokumentarfilmregisseurinnen oder Journalistinnen überlassen, diese Paradoxien irgendwie aufzufangen oder zumindest zu überspielen. Deshalb lautet im Theater der Organisation eine der unvermeidlichen Lügen: »Ich weiß genau, was du meinst.«

Organisationen verschieben ihre ungelösten Probleme auf vielfältige Weise an ihre Mitglieder. Statt ihre Organisationsstrukturen umzubauen, versuchen sie, ihre Mitglieder so umzubauen, dass sie als Personen Defizite der Organsation kompensieren. Statt die persönliche Motivation ihrer Mitglieder als kostbare und nicht auf Anordnung zur Verfügung stehende Ressource zu schützen, versuchen übergriffige Organisationen, sie brachial einzufordern und auszubeuten. Hinter wohklingenden Appellen an die Eigenverantwortung der Organisationsmitglieder kann sich die Aufforderung verbergen, auf eigenes Risiko und mit zusätzlicher Leistung die fehlenden Mittel, die mangelhafte Planung und unzureichende Organisation der Organisation zu kompensieren.

MEIN VERHALTEN, DIE VERHÄLTNISSE UND ICH

WIE VERHALTEN ERWARTUNGEN FORMT – UND WIE DIE VERHÄLTNISSE DAS VERHALTEN PRÄGEN

Der Verweis Luhmanns, dass soziale Systeme – also Interaktionen, Organisationen und die Gesellschaft als Ganzes – nicht aus Menschen, sondern aus der rekursiven Vernetzung ihrer Operationen, der Kommunikationen, bestehen, sorgt zumindest bei der ersten Begegnung mit seinem Theoriegebäude zuverlässig für Irritationen. Entsprechend lautet ein typischer Vorwurf gegenüber der Systemtheorie, sie sei so versessen auf die Untersuchung der Verhältnisse und Strukturen, dass sie die Rolle von Personen außer Acht lasse. Deshalb ist an dieser Stelle eine Klarstellung notwendig: Unsere These der Entlastungsfunktion persönlicher Schuldzuweisungen zum Strukturschutz der Organisation bedeutet nicht, dass wir annehmen, dass es in DAX-Konzernen, Universitäten oder Stadttheatern keine problematischen Persönlichkeiten gibt. Das ist offenkundig der Fall. Ein korrupter Einkäufer, eine zwanghaft kontrollsüchtige Geschäftsführerin, eine intrigante Unterabteilungsleiterin oder ein cholerischer Intendant sind Zumutungen. Handeln sie im Rahmen und mit Mitteln der Organisation, wird ihr Verhalten zum Problem der Organisation. Es muss mit Mitteln der Organisation und ihrer Formalstruktur bearbeitet werden.

Zu ignorieren, dass Personen, ihre Eigenarten und ihr individuelles Verhalten in Organisationen Wirkung entfalten, würde weder der Evidenz noch den Einsichten der Organisationssoziologie gerecht werden. Das gilt auch für die systemtheoretisch geprägte Organisationssoziologie. Für sie ist die Besetzung bestimmter Positionen mit bestimmten Personen eine zentrale Entscheidungsprämisse, also eine Entscheidung, die Folgeentscheidungen nach sich zieht. Zum Beispiel weil eine Soziologin andere Beobachtungen machen, anderen Präferenzen folgen und andere Entscheidungen treffen wird als ein Jurist oder eine Betriebswirtin in der gleichen Position.

Jede erfahrene Organisationsangehörige weiß, dass formale Qualifikation und Stellenbeschreibung nicht genügen, um zu wissen, was man von einer Person zu erwarten hat. Um dieses Unterholz zwischen Personen- und Rollenerwartung soll es im Folgenden gehen. Das Verhältnis zwischen formaler Organisationsrolle und ihrer informalen Auslegung, das Wechselspiel zwischen Verhalten und Erwartung in, neben und unterhalb der Organisationsrolle ist nicht ganz unkompliziert und entsprechend störanfällig. Deshalb tasten Mitarbeiterinnen und Mitarbeiter einer Abteilung beim Antritt einer neuen Chefin, eines neuen Chefs vorsichtig ab, worauf es bei gleicher Stellenbeschreibung und formal identischem Zuschnitt der Aufgabe in Zukunft in der Zusammenarbeit ankommen wird. Man möchte in Erfahrung bringen, was fortan als besonders wichtig gilt und was irrelevant wird, was erwartet wird und was man selbst von der neuen Führungskraft zu erwarten hat (vgl. Luhmann 2016).

Auch auf unteren Hierarchieebenen können Personalentscheidungen folgenreich sein. Zwar wirken Rekrutinnen und Rekruten in der Armee oder Telefonisten in einem Callcenter weniger formend auf die Organisation ein als der Geschäftsführer oder die Verteidigungsministerin. Aber eine mit der Gewerkschaft gut vernetzte Vorarbeiterin kann die Organisation stärker prägen als eine Führungskraft, die es sich auf der Teppichetage gemütlich gemacht hat und alle Aufregungen bis zum Ruhestand vermeiden will. Und ein eigenwilliger Soldat der US-Army, der als Whistleblower geheime Dokumente leakt, kann weitreichende Debatten zu Methoden der Kriegsführung auslösen.

Keines dieser Phänomene widerlegt allerdings unsere Grundthese der notwendigen Unterscheidung zwischen Person und Funktion. Sie zeigen nur, dass Organisationsmitglieder keine willenlosen Zahnräder sind. Ordnung herrscht in der Organisation nur auf dem Papier des Organigramms und der Formalstruktur. Dahinter beginnt der Dschungel mit seinen eigenen Regeln der Informalität.

Verhalten formt Erwartungen

Weil Personen Entscheidungsprämissen sind, können unglückliche Personalentscheidungen zu zahlreichen Folgeproblemen führen. Deshalb wollen viele Organisationen mithilfe aufwendiger Auswahlverfahren vor der Einstellung neuer Mitarbeiter zumindest vage prognostizieren, was jenseits der formalen Qualifikation von ihnen zu erwarten ist. Es sind Versuche, sich zumindest vor den gröberen Irritationen und Risiken zu schützen. Unabhängig davon, ob und inwieweit das gelingt, stellen sich die Organisation und ihre Mitglieder mit der Zeit auf das Verhalten der jeweils eingestellten Person ein. Sie haben auch keine andere Wahl, wenn sie die Person nicht aus der Organisation entfernen wollen oder können.

Man weiß in etwa, was man von den neuen Kollegen erwarten kann und verhält sich entsprechend. Wenn die neue Sachbearbeiterin nur formal korrekt ausgefüllte Anträge annimmt und schludernde Kollegen auflaufen lässt, werden diese irgendwann ihr Verhalten anpassen. Sie werden vermutlich über informale Kanäle verbreiten, dass zu viel Formalismus der Kollegialität schadet – aber dazu kommen wir später. Was bei diesen Manövern der gegenseitigen Beobachtung entsteht, sind Erwartungserwartungen: Man rechnet in den Verhaltenserwartungen gegenüber der Person mit den Verhaltenserwartungen der Person.

Je größer die Organisationsmacht einer Person, desto stärker werden sich Organisationsprozesse und andere Mitglieder an ihr ausrichten. Diese Macht kann aus unterschiedlichsten Quellen herrühren, formalen und informalen: Hierarchie, Expertenwissen, Zugang zum Terminkalender der Geschäftsführerin, privilegierte Kundenbeziehungen, Wohlwollen vonseiten des Betriebsrats oder wie im Fall der peniblen Sachbearbeiterin die Möglichkeit, Anträge zu bearbeiten oder bei Formfehlern zurückzuweisen. Die Ausrichtung auf die Erwartungen der Person wird umso folgenreicher (und notwendiger), je großzügiger sie die an sie gerichtete Rollenerwartung interpretiert und sich in ihrer Ausgestaltung eine persönliche Note erlaubt. Wer mit ihren persönlichen Vorlieben nicht vertraut ist, bekommt ihre Macht zu spüren. Sich allein an ihrer formalen Rolle zu orientieren, hilft nicht unbedingt weiter. Das kann den Umgang mit Organisationsmächtigen für Uneingeweihte schwierig machen. Sie müssen ihre allgemeinen Rollenerwartungen um Personenerwartungen anreichern – etwa indem sie sich mit persönlichen Vorlieben und Eigenarten vertraut machen.

Personenerwartungen können die Rollenerwartungen bestätigen: Die Person verhält sich, wie man es von einem Controller, einer Abteilungsleiterin, einem Justiziar erwartet. Sie können aber auch neben ihnen liegen oder ihnen zuwiderlaufen. Von einer Schichtleiterin kann man erwarten, dass sie niemanden bevorzugt und gerechte Pläne erstellt. Doch wer mit ihrer Person vertraut ist, könnte wissen, dass sie ein offenes Ohr für die Wünsche von Mitarbeitern hat, die hin und wieder mit einem Kuchen im Büro stehen. Wer sich nur an Rollenerwartungen orientiert, dürfte Enttäuschungen bei der Schichtzuteilung erleben, bei gut bezahlten Sonntagsschichten leer ausgehen oder sich wundern, weshalb er Jahr für Jahr zur verhassten Neujahrsschicht eingeteilt wird.

Aber die Verhältnisse bestimmen das Verhalten

Trotz der im Wildwuchs der Informalität blühenden großzügigen Interpretationen der Organisationsrolle und ihrer Variation mit persönlichen Noten; trotz des Umstands, dass sich die Mitglieder auf das beobachtete Verhalten von Personen einstellen, erweisen sich die in einer Organisation wirksamen Erwartungen als erstaunlich stabil. Einmal aufgebaute Erwartungen, seien sie nun formal oder informal, müssen mit Ausdauer wieder und wieder enttäuscht werden, bevor ihre verhaltensprägende Kraft nachlässt.

Wer die etablierten Erwartungen mit anhaltender Enttäuschung außer Kraft setzen will, braucht Durchhaltevermögen. Der lange Weg der Erwartungsenttäuschung ist mit Irritationen und sozialen Sanktionen gepflastert: Wer trotzig geltende Erwartungen unterläuft, erlebt den Unmut und das Beharrungsvermögen der Traditionspflegefraktion. Die neue Abteilungsleitung kann sich vornehmen, den Laden umzukrempeln und alles anders zu machen, doch die Belegschaft wird Wege finden, ihre Irritation zu demonstrieren und unerwünschte Neuerungen ins Leere laufen zu lassen. Zum Beispiel mit Langsamkeit, verweigertem Entgegenkommen bei Kleinigkeiten, Nichtbeachtung lästiger Anweisungen oder sehr peniblem Nachfragen, vorgeblich »um nichts falsch zu machen«. Einige Hierarchiestufen weiter unten werden Verstöße gegen geltende Erwartungen wesentlich direkter beantwortet. Wer mit seinem Verhalten die angepeilte Marge, den sicheren Feierabend oder die eingeschliffenen Annehmlichkeiten des Teams gefährdet, wird zügig zu spüren bekommen, dass er sich besser den Erwartungen der unmittelbaren Kolleginnen fügen sollte. Vom taktvollen Gespräch unter vier Augen über plötzlich einkehrende Stille, sobald man den Raum betritt, bis hin zu zerstochenen Autoreifen und körperlichen Angriffen verfügt die informale Seite der Organisation über viele Möglichkeiten, eigenwilligen Kollegen konformes Verhalten nahezulegen. In der Regel stellen sich Personen mit ihrem Verhalten auf die Schwerkraft der Verhältnisse ein – und sei es nur, um anstrengende Konflikte zu vermeiden oder um sich in Ruhe zu überlegen, wie sich die Verhältnisse der Organisation bearbeiten lassen.

Was geschieht, wenn Verhalten und Verhältnisse nicht in der Lage sind, sich einander anzupassen, konnten wir in einem Beratungsprojekt bei einem großen industriellen Mittelständler beobachten. Eine neue Führungskraft war zuvor in ähnlicher Funktion bei einem deutlich größeren Konzern derselben Branche sehr erfolgreich. Bei dem Mittelständler traf der konzerngeprägte Manager auf deutlich flachere Strukturen, die ihn gleichzeitig über- und unterforderten. Er konnte nicht mehr auf gewohnte Dienstleistungen wie Reporting-Systeme zurückgreifen. Weil er stark formalisierte Verhältnisse gewohnt war, war es für ihn massiv irritierend, dass in seinem neuen Arbeitsumfeld vieles gut eingespielt informell geregelt wurde. Das relativ enge Korsett der Formalstruktur, in dem die eigene Rolle und die mit ihr verbundenen Aufgaben sehr klar definiert waren, hatte ihm Halt, Orientierung, Sicherheit gegeben. Das fehlte plötzlich am neuen Arbeitsplatz. Er ist trotz aller fraglos vorhandenen Kompetenz in der neuen Aufgabe relativ hart gescheitert.

Auch mit noch größerer Anstrengung, noch längeren Arbeitstagen, noch mehr Engagement wäre das kaum zu vermeiden gewesen. Weder der Manager noch das Unternehmen hatten Schuld an der verfahrenen Situation. Das Unternehmen kam mit seiner flachen Hierarchie sehr gut zurecht. Das Verhaltensmuster des Managers und die Verhältnisse in der Organisation waren zu divergent und zu stabil, um sich aneinander anzupassen. Statt dem Unternehmen und dem Manager dabei zu helfen, sich irgendwie miteinander zu arrangieren, haben wir zu einer fairen Trennung unter dezidiertem Verzicht auf Schuldzuweisungen geraten. Er kehrte zum Konzern zurück und konnte dort seine Karriere sehr erfolgreich fortsetzen.

Anstrengende Charaktere und wie man sie unschädlich macht

Wie bei den meisten Regeln gibt es auch hier Ausnahmen. Besonders in kleinen Organisationen kann das Verhalten einzelner Personen weitreichende Wirkungen entwickeln – etwa wenn sich in einem kleinen Handwerksbetrieb alles nach den Wünschen und Gewohnheiten des Meisters richtet.

Aber auch in großen und sehr großen Organisationen kann man Figuren beobachten, nach deren Verhalten und Verhaltensauffälligkeiten sich die Organisation zumindest in Teilen ausrichten muss – auch wenn sie in den Augen anderer Mitglieder rücksichtslos oder schrullig sein mögen. Sei es, weil ihnen die Organisation gehört, weil sie in einem besonders engen Verhältnis zu Mehrheitseignern stehen oder weil sie wichtig für die Schauseite und nicht ohne Weiteres austauschbar sind, können diese Personen Kritik im Zweifel an sich abperlen lassen. Das macht es schwierig, sie zu disziplinieren und auf die gewünschte Linie zum Beispiel einer Mehrheit des Vorstands zu bringen.

Die Organisation sucht bei solchen schwer zu entsorgenden und kaum zu steuernden Problemfällen nach Mechanismen, die Irritationen dämpfen und trotz der Eigenwilligkeiten die nötige Erwartungssicherheit gewährleisten. Eine Möglichkeit besteht darin, um schwierige Personen eine Sicherheitszone zu errichten. Dies geschieht zum Beispiel durch Wegnahme von Untergebenen und Einflussmöglichkeiten oder durch das Umzingeln mit Personen, die gegen die Verhaltensauffälligkeiten immun sind: Manche Menschen nehmen es mit stoischer Gelassenheit hin, wenn unverschämtes Verhalten oder offene Beleidigungen zu ihrem Organisationsalltag gehören.

Wie schwieriges Verhalten die Verhältnisse formt, macht ein Beispiel deutlich: In einem größeren Architekturbüro, das wir untersucht haben, gelten für viele Prozesse sehr stabile Arbeitsanweisungen. Das wurde über Jahrzehnte zementiert, auf Abweichungen reagiert der Gründer, Eigentümer und Chef mit cholerischen Auftritten. Nicht von den vorgegebenen Routinen abzuweichen oder Ausreißer sorgsam zu vertuschen hat für die Mitarbeiterinnen hohe Priorität, wollen sie es vermeiden, einen seiner Anfälle zu erleben. Gleichzeitig wissen sie, dass ihr Chef phasenweise unter hohem Druck steht, mit seinen Projekten für einen erheblichen Teil des Umsatzes sorgt und jenseits seiner cholerischen Momente einen betont fairen Umgang pflegt. Langjährige Mitarbeiter sind darauf trainiert, schon am Gang des Patriarchen, seinem Auftreten und der Art, in der er das Büro betritt, zu erkennen, ob er unter Stress steht und entsprechend mit erhöhter Explosionsgefahr zu rechnen ist. Sie stellen sich auf seine Verhaltensmuster ein und haben gelernt, sie den Launen des eigentlich geschätzten Patriarchen zuzuschreiben, also nicht persönlich zu nehmen. Darüber hinaus sorgt die gemeinsame Erfahrung für Verbundenheit unter den Angestellten, weil sie alle gleichermaßen betroffen sind und sich dabei unterstützen, mit den Marotten ihres Chefs zurechtzukommen. So tragen seine Ausraster indirekt zu dem bei, was Coaches gern »Teambuilding« nennen – Gruppenzusammenhalt durch Geschrei, eine interessante Variante des Gesetzes, dass jedes eingesetzte Mittel intendierte und nicht intendierte Effekte hat.

Die Verhältnisse prägen das Verhalten. Um herauszufinden, warum sich Mitglieder in einer Organisation seltsam verhalten, lohnt es sich, ihre Struktur zu betrachten. Der Grund für Verhaltensauffälligkeiten muss nicht zwangsläufig bei den jeweiligen Persönlichkeiten liegen. Ausnahmen sind Exzentriker und Irrläufer in Machtpositionen. Hier schafft die Organisation Strukturen, um die Störquellen einzuhegen und Erwartungssicherheit zu stabilisieren.

DAS GING AN DEINE PRIVATADRESSE

WENN FREUNDE UND FAMILIENANGEHÖRIGE EINE ORGANISATION PRÄGEN, KANN ES KOMPLIZIERT WERDEN

Organisationen sind besondere soziale Systeme. Sie bestimmen selbst ihre Struktur, sie sind hierarchisch aufgebaut, sie definieren, was ihr Zweck ist und unter Einsatz welcher Mittel sie ihn verfolgen, wie kommuniziert wird und wer unter welchen Bedingungen Mitglied werden kann. Das unterscheidet sie von Familien, Liebesbeziehungen und Freundschaften. Eine Familie, ein Liebespaar oder ein Freundeskreis können sich keinen Zweck geben, schon weil Liebe und Freundschaft Selbstzweck und nicht Mittel zum Zweck sind. Füreinander da zu sein kann ein Effekt sein, aber kein kalkulierter Zweck. Freundeskreise, manchmal auch Liebesaffären, sind an ihren Grenzen diffuser als eine Organisation: Sind wir ein Paar oder doch eher Freunde, ist das eine On-Off-Affäre, eine Beziehung, eine künftige Ehe oder ein Missverständnis? Zählen die Freundinnen, die öfter, aber nicht zu jeder Geselligkeit auftauchen, zum engeren Freundeskreis? Torsten ist zwar noch in der gemeinsamen WhatsApp-Gruppe, aber seit er mit seiner Frau aufs Land gezogen ist, sieht man ihn kaum noch. Ist er raus aus der Freundschaft? Auch Familien sind kein Mittel zum Zweck. Anders als bei Organisationen ist die Mitgliedschaft nicht an das Einhalten von formalen Verhaltenserwartungen geknüpft, trotzdem ist die Mitgliedschaft sehr klar geregelt – so klar und hart, dass sie nur zu einem relativ hohen Preis zu beenden ist (Enterbung, Scheidung, Mord).

Im Gegensatz zu Organisationsmitgliedschaften geht es in Familien und Freundschaften um die ganze Person. Die »Vertagung von Gefühlen und Ausdrucksbedürfnissen« (Luhmann 1964, 26) zählt nicht unbedingt zu den an den Einzelnen gerichteten Erwartungen. Man kann Persönliches thematisieren und darf im Gegenzug mit persönlichen Fragen rechnen. Wer sich dem partiell entzieht, kann sich beim nächsten Kaffeenachmittag Vorhaltungen der Tante anhören, die man gebeten hatte, sich um ihren eigenen Kram zu kümmern, statt das Liebesleben ihres Neffen zu kommentieren. In Organisationen gilt das Gegenteil: Es ist legitim, sich auf die Organisationsrolle zurückzuziehen und persönliche Angelegenheiten aus der Kommunikation auszuklammern. Die Mitgliedschaft definiert den Rahmen, der Organisation und Mitglied gleichermaßen vor Exkursionen in persönliche Befindlichkeiten schützt. Wer dennoch die Person statt den Rollenträger adressieren will, braucht dafür eine Legitimation. Die liefert das Organisationsmitglied beispielsweise, wenn das persönliche Verhalten Folgen für die Erfüllung seiner Organisationspflichten hat. Es kann der Organisation in der Regel herzlich egal sein, wenn ein Mitglied durch privates Fehlverhalten den Führerschein verliert. Anders sieht es bei Mitgliedern aus, die als Fahrer arbeiten. Auch wenn ein Mindestmaß an persönlicher Integrität zur Organisationsrolle gehört, wird privates Fehlverhalten relevant: Eine Bischöfin, die betrunken Auto fährt, bekommt ein Problem mit ihrer Organisation.

Soziologisch interessant (was für Betroffene oft gleichbedeutend ist mit anstrengend, missverständlich oder konfliktbehaftet) wird es, wenn sich die sozialen Systeme überlappen und Privates organisationsrelevant wird – zum Beispiel wenn Freundinnen ein Start-up gründen oder Unternehmen Familien gehören, wenn sich also ganzheitliche und rollenspezifische Zusammenhänge ineinanderschieben. Beides schauen wir uns deswegen etwas genauer an.

Grenzgröße 34 und die Kumpel-GmbH: Wenn Gruppen Organisationen bilden

Ein paar Freunde, eine Idee, etwas Risikokapital: So entstehen viele Start-ups und kleine Unternehmen. Aus dem sozialen System der Gruppe, deren Kennzeichen persönliche Nähe, eine diffuse Form der Mitgliedschaft, Hierarchie- und Zweckfreiheit sind, entsteht eine Organisation. Und die benötigt Zwecke, Hierarchien, personenunabhängige Verhaltenserwartungen, klar definierte Mitgliedschaftsbedingungen und Kommunikationskanäle (und sie macht nicht unbedingt jederzeit Spaß). Die Freundschafts-Vorgeschichte kann zu Beginn viele Vorteile mit sich bringen: Man kennt und vertraut einander, geht mit einer gewissen Großzügigkeit miteinander um und weiß, mit welchen Spleens und Eigenarten man beim Gegenüber rechnen kann. In der arbeitsintensiven, leicht chaotischen Startphase einer Unternehmensgründung kann es helfen, wenn sich die langen Nachtschichten mit dem Feierabend-Bier verbinden lassen und beides als Vertiefung der Freundschaft durchgeht. (Skeptiker und Vertreter der Trennung zwischen Arbeit und Privatleben würden sagen: Die Arbeitsüberlastung lässt sich unter Freunden eine Zeit lang heroisch romantisieren.) Die in der Gruppe etablierten Erwartungen sind im persönlichen Erleben und im Umgang miteinander dominanter als die Anforderungen der noch jungen formalen Ordnung.

Komplizierter wird es spätestens, wenn einer der Gründer-Freunde Posten und Titel des Geschäftsführers übernimmt, und sei es nur für die Schauseite der Organisation oder weil es sich so leichter mit Geldgeberinnen verhandeln lässt. Eine Zeit lang kann die neue Geschäftsführerrolle intern als rein äußerliche, im Prinzip ignorierbare Formalie behandelt oder in Witzen über den Kumpel-Chef ironisiert werden, während die Gründer-Freunde weiter alle Entscheidungen gemeinsam treffen. Die Ironisierung entlastet von der Zumutung, dass der Freund nun zumindest auf dem Papier auch Vorgesetzter ist: Man tut so, als ließe sich die informale Egalität des Freundes-Kreises gegen die Hierarchie der Organisation immunisieren. Aber spätestens wenn das Start-up wächst und mehr Mitglieder und Nicht-Freunde beschäftigt, gewinnen die formalen Rollenerwartungen an Bedeutung: Formale Rolle und Informalität der Freundesgruppe kollidieren. Spätestens vor Publikum wäre die Ironisierung der Chef-Rolle nicht mehr witzig und entlastend, sondern ein Untergraben der Autorität des Geschäftsführers: Was sollen die Neuen denn denken?

Unserer Beobachtung nach versuchen kleine Organisationen so lange wie möglich an den Vorteilen ihres Selbstverständnisses als Gruppe festzuhalten. Persönliches Vertrauen, gegenseitige Unterstützung unabhängig von formaler Zuständigkeit, die Möglichkeit, jederzeit mit jedem und jeder zu sprechen, über Persönliches genauso wie über Angelegenheiten der Organisation – das will man ungern aufgeben. Wenn man auf die stabilisierten Erwartungen der Gruppe vertrauen kann, wirkt das Alternativangebot der Organisation ausgesprochen fade. Stabilisierung von Verhaltenserwartungen durch Formalität, schriftlich fixierte Bedingungen, deren Verstoß im schlimmsten Fall durch Ausschluss bestraft werden kann – wer soll das wollen, wenn man stattdessen auf die Kraft der Freundschaft bauen kann. Entsprechend zäh und mitunter angestrengt sind die Manöver, den Schutzschirm der Gruppe und der persönlichen Verhältnisse so lange wie möglich aufzuspannen (statt Mitglieder nur für Zwecke der Organisation einzuspannen): Wir sind hier alle Kumpels und duzen uns, ich bin nicht der Chef, sondern der Mike.

Eine Schwäche dieser Form der Stabilisierung ist offensichtlich: Ob und wie lange sie trägt, hängt davon ab, ob die Freundschaften stabil bleiben. Wenn die Freunde von früher bei Organisations-Differenzen persönlich werden oder ihre persönlichen Konflikte in die Firma tragen, kann es explosiv werden. Doch selbst wenn der große Krach ausbleibt, stößt die Gruppe von Freunden, die zusammen ein Unternehmen hochziehen, an ihre Grenzen, nicht alles lässt sich im Kumpel-Modus beim Feierabend-Bier klären. Selbst wenn die Verschränkung von privater Beziehung und Organisationsrollen mit viel Glück und menschlicher Reife halbwegs stressfrei bleibt, ist das Modell nicht unbegrenzt skalierbar. Der Faktor Zeit wird zum Problem, wenn sich jede jederzeit mit jedem über alles austauschen will. Gruppen werden durch persönliche Interaktionen zusammengehalten, in denen die Beteiligten einander versichern, dass die persönlichen Erwartungen noch zutreffen – auch das sind zeitraubende Prozeduren, die nur bei begrenzter Teilnehmerzahl praktikabel sind. In Organisationen einer bestimmten Größe, unter Beobachtung ihrer Umwelt, unter Entscheidungszwängen bei begrenzter Entscheidungszeit ist das nicht durchzuhalten.

Verschiedene Anzeichen signalisieren, dass die Grenze erreicht wird: Die informale Freundes-Gruppe kann sich nicht mehr über die formale Organisation stellen (oder sich mit ihr verwechseln). Am deutlichsten wird das bei Schmerzbekundungen sichtbar. Die Wünsche nach formalen Zuständigkeiten, geregelten Entscheidungsprozessen und Kommunikationswegen werden drängender. Streitigkeiten darüber, ob man Standardprozesse braucht, weil die individuellen Lösungen zu unübersichtlich werden, nehmen zu. Ein anderes Krisensymptom sind wiederkehrende Forderungen nach Orientierung. Die Mitglieder wollen wissen, wer hier mit wem wie zusammenarbeiten soll und wer wem unter welchen Voraussetzungen auf welchem Gebiet was zu sagen hat.

Eine exakte Zahl an Mitgliedern zu benennen, bei der diese Effekte eintreten, ist natürlich gewagt. Wir machen es an dieser Stelle trotzdem, weil uns eine bezeichnende Situation im Gedächtnis geblieben ist. Im Zuge unserer Beratungstätigkeit waren wir vor einigen Jahren parallel in drei Organisationen tätig, die unabhängig voneinander und in unterschiedlichen Branchen mit den beschriebenen Effekten zu kämpfen hatten: Man war gewachsen, hatte bisher wenig formale Mittel benötigt und vieles über die Personen und den informalen Austausch in der Gruppe geklärt. Jetzt zeigten die genannten Krisensymptome, dass eine Grenze erreicht war. Die Gruppe eignete sich nicht mehr als De-facto-Substitut und verhaltensprägender Faktor der Organisation samt ihren formalen Restriktionen. Die Zahl der Mitglieder in jeder der drei Organisationen im Gruppen-Krisen-Modus war die gleiche: 34.

Es bleibt in der Familie

Die andere Organisationsform, in der sich typischerweise Rollen- und Personenerwartungen überkreuzen und in interessante Konflikte miteinander geraten können, sind Familienunternehmen. Schon der Begriff selbst – Familien-Unternehmen – signalisiert für Freundinnen einer hilfreichen Unterscheidung zwischen Person und Organisationsmitglied eine explosive Kombination. Wenn die familiären Verhältnisse die Entscheidungen im Unternehmen beeinflussen oder umgekehrt Entscheidungen im Unternehmen auf die familiären Intimbeziehungen abstrahlen, wird es anstrengend. Die Freunde im Start-up können ihre Freundschaften zumindest bei Bedarf oder im Interesse der Organisation aufkündigen (je nach Wunsch oder Charakterdisposition mit mehr oder weniger Drama). Mit der Familie muss man sein Leben lang irgendwie zurechtkommen. Die Personalisierung organisationsbedingter Spannungen kann nicht (oder nur zu einem sehr hohen Preis) mit dem Ausschluss aus der Familie beantwortet werden.

Der Psychotherapeut und Systemtheoretiker Fritz B. Simon bringt das verminte Gelände auf eine prägnante Formel: »Die drei Systeme Familie, Unternehmen und Kapital sind gegeneinander abgegrenzt und folgen in ihren Entscheidungen ihrer eigenen Logik. Sie interagieren miteinander als Systeme, aber es gibt keine Akteure, die eine Doppelrolle als Mitglied oder Teilnehmer an mehreren dieser Systeme haben. In Familienunternehmen ist diese Trennung nicht gegeben« (Simon 2011, 11). Auch wenn Simon übersieht, dass viele Manager und Geschäftsführerinnen zugleich Miteigentümerinnen sind und diese Doppelfunktion nicht notwendig zu Rollenkonflikten führt, trifft er den neuralgischen Punkt von Familienunternehmen: die Rollenüberschneidung in einzelnen Personen, die sich je nach Rolle in unterschiedlichen Systemen und deren Handlungslogiken bewegen.

Die Überschneidung der beiden sozialen Systeme Familie und Organisation hält für die Beteiligten zahlreiche Konflikte bereit. Erst recht, wenn nicht immer trennscharf unterschieden wird, in welcher Rolle man in einer bestimmten Situation adressiert wird und agiert. Die Aufgabe besteht darin, permanent zu unterscheiden, ob man der gleichen Person als Schwester, Mitbesitzerin oder Managerin begegnet. Und ob man selbst als Sohn mit der Mutter, als Aufsichtsrat mit der Vorstandsvorsitzenden oder als Anteilseigner mit anderen Anteilseignerinnen spricht.

Die Funktionslogiken der drei von Simon genannten Systeme lassen sich relativ unkompliziert voneinander unterscheiden. In der Familie geht es um Liebe (manchmal auch um ihr Gegenteil). Für Manager geht es um Entscheidungsmacht in der Organisation. Für Eigentümerinnen geht es um Rendite. Das sind sehr unterschiedliche Zwecke. Sie miteinander zu verwechseln oder der Versuch, sie gegeneinander aufzurechnen, setzt Organisationsentscheidungen sachfremden Einflüssen aus. Hier hilft ein prinzipieller Hinweis Luhmanns: »In allen funktionalen Analysen ist es notwendig, Systemreferenzen sorgfältig zu unterscheiden, und bewusst zu halten, auf welches System sich eine Aussage bezieht« (Luhmann 1964, 383). Wer die Systemreferenzen verwechselt, verliert schnell die Orientierung. Diese Unterscheidung der jeweiligen Systemreferenz ist in Familienunternehmen besonders schwierig – und besonders notwendig.

Privat mögen Familienangehörige einander lieben oder hassen (oder beides), in der Organisation sollten sie einander in ihren jeweiligen Funktionen begegnen. Und am besten nur in diesen. Liebe oder verweigerte Anerkennung, gegenseitige Abhängigkeiten, offene oder uneingestandene Konkurrenzen sind schon innerhalb einer Familie kompliziert genug. Wenn sie in die Entscheidungsprozesse einer Organisation abstrahlen, wird es mühsam: Die Konfliktpotenziale beider Bereiche verstärken sich gegenseitig.

Gerade weil Familienmitglieder so emotional miteinander verbunden sind, müssen sie im Familienunternehmen ihre Organisationsrollen sorgfältig von ihren privaten Beziehungen trennen. Je weniger die Funktion im Unternehmen mit familiären Rollen vermischt wird, je weniger Fragen der Unternehmensführung mit privaten Erwartungen, Wünschen, Enttäuschungen belastet werden, desto besser lassen sich die Rollen in der Organisation bearbeiten.

Papa, ich kann das allein. Ich bin 60.

Ein wiederkehrendes Muster in der Beratung von Familienunternehmen sind Konflikte um ungeklärte Zuständigkeiten zwischen Patriarchen (meistens sind es Männer) und ihren Nachfolgern. Wir haben 60-jährige, erfolgreiche Mittelständler beraten, die vergeblich versuchten, ihrem Vater die Grenzen seiner Kompetenz im Unternehmen deutlich zu machen. Die Vaterrolle wurde samt Autoritätsanspruch ungebrochen ins Unternehmen fortgesetzt, manchmal völlig unbeeindruckt vom Wechsel der Positionen und dem Schwinden der eigenen Kräfte und Fähigkeiten. Wenn in solchen und ähnlich gelagerten Fällen die notwendige Rollentrennung nicht hinreichend gelingt, kann psychologische Unterstützung hilfreich sein.

Aufgrund dieser engen Verzahnung zwischen persönlichen und organisationsbedingten Erwartungen in Familienunternehmen müssen Organisationsberatungen in jedem Einzelfall abwägen, ob sie die geeigneten Adressaten sind und die notwendige Hilfestellung geben können. Ende der 1970er-Jahre sollte einer der Metaplan-Gründer, Wolfgang Schnelle, in einer konfliktträchtigen Situation Angehörige einer Familie beraten, die im Besitz der Aktienmehrheit eines großen Unternehmens waren. Familienmitglieder hatten Sitze im Vorstand oder Aufsichtsrat, auch der Vorstandsvorsitzende war Miteigentümer und Familienmitglied. Die Kopplung familiärer und unternehmerischer Interessen, Ambitionen und Konkurrenzen sorgte immer wieder für schwer zu bearbeitende Spannungen. Nach ersten Gesprächen mit dem Vorstandsvorsitzenden lehnte Wolfgang Schnelle ein Beratungsmandat und die Leitung eines Workshops mit Familienmitgliedern aus der Konzernspitze ab. In einem Brief an den Vorstandsvorsitzenden begründete der Organisationsberater seine Entscheidung: »Ich bin auch durch das Gespräch mit Ihnen nicht davon weggekommen, die Begrenztheit, wenn nicht Unmöglichkeit meiner Hilfe festzustellen. Die psychische Konstellation der einzelnen und der Juniorpartner untereinander lässt sich mit meinen Mitteln nicht ändern. Diese Konstellation aber ist die eigentliche Blockierung gegenüber anderem als dem gewohnten Handeln und Verhalten. Ich werde also gemeinsame Gespräche nicht moderieren.«

Die Trennung zwischen Rollen- und Personenerwartungen verlangt von den Beteiligten ein hohes Maß an Selbstreflexion und Disziplin. Weil das nicht jedem gegeben ist, zahlen viele Unternehmerinnen und Unternehmer die Erben lieber aus, statt ihnen die Zukunft der Firma anzuvertrauen. Die Organisation kann Schäden durch Personen nur mit Mitteln der Organisation abwehren. Nicht Kindererziehung, Mediation oder Familientherapien (alles Praktiken mit offenem Ausgang), sondern ihre Formalstruktur schützt sie vor den Launen eigenwilliger Familienmitglieder. Die Unternehmerfamilie Brenninkmeijer ist dafür ein Extrembeispiel. Sie sorgt mit einem rigiden Regelwerk dafür, dass nur gut ausgebildete, auf die konservativen Familienwerte eingeschworene Verwandte sich im Konzern nach oben dienen können. Erben genügt nicht, Einfluss muss verdient werden und ist an harte Konditionen geknüpft. Für Ausreißer bleibt da wenig Raum: »Jeder Brenninkmeijer ist ein Zahnrad«, beschreibt ein Familienmitglied das Selbstverständnis des Clans, der seit 1841 das Bekleidungshaus C&A betreibt (Arvid Kaiser, 2018). Diese eher ungewöhnliche Variante setzt auf Einpassung des

Familienmitglieds in die Organisation und deren Bedürfnisse. Das stabilisiert die Organisation, solange eine ausreichende Zahl von Familienmitgliedern bereit ist, sich diesem Karriere- und Personenformungs-Regime zu unterwerfen und solange das traditionsgebundene Personen-Profil für das Unternehmen funktional ist. Den Preis dieser geforderten Anpassungsleistung zahlen die Personen. Weniger brachial und pragmatischer gehen Familienunternehmen vor, die von den Familienangehörigen nicht zwingend die Assimilation an die Bedürfnisse der Organisation erwarten, sondern sich zumindest operativ gegen Rollenvermischungen schützen, indem sie das Management komplett familienfremd besetzen.

Wenn sich Organisationen mit Familie oder Freundschaften überschneiden, werden Mitglieder wieder als Personen adressierbar. Das kann Vorteile mit sich bringen, aber spätestens bei persönlich ausgetragenen Konflikten weitreichende Folgen haben. Um die Organisation vor Freundschafts- und Familiendramen zu schützen, ist die Trennung zwischen Rolle und Person dringend notwendig.

HARMONIE WIRD ÜBERSCHÄTZT

WESHALB SPANNUNGEN IN DER ORGANISATION UNVERMEIDLICH, SINNVOLL UND NOTWENDIG SIND

Wir haben gesehen, dass die Humanisierung der Organisation am besten gelingt, wenn Organisationen ihre Mitglieder nicht als Privatpersonen und »ganze Menschen« adressieren, sondern sich auf ihre jeweiligen Funktionen und Organisationsrollen konzentrieren. Wir wollen unsere These der hilfreichen Unterscheidung zwischen Person und Funktion an einem anstrengenden Aspekt sowohl zwischenmenschlicher wie organisationsbedingter Beziehungen überprüfen: Spannungen und Konflikte.

Ob man sich eher diplomatisch oder konfrontativ verhält, Talent zur Intrige entwickelt oder Konflikte offen anspricht, scheint zuerst eine Charakterfrage zu sein. Das Gleiche gilt für persönliche Unterstellungen gegenüber den lieben Kolleginnen: Der ITler ist ein Neurotiker, die Bereichsleiterin hat etwas gegen mich, der Art Director ist ein Selbstdarsteller. Zuschreibungen dieser Art mögen im Einzelfall zutreffen oder auch nicht. Aber die vielfältigen Spannungsverhältnisse in der Organisation haben ihre

Ursache nicht zwingend und ausschließlich bei den beteiligten Personen, sondern in den Verhältnissen der Organisation selbst. Persönliche Eigenschaften der beteiligten Akteurinnen können sie höchstens verzerren, abfedern oder verstärken. Konflikte in der Organisation sind häufig Organisationskonflikte und Ausdruck ihrer Zweckwidersprüche, die ihrerseits die fast unvermeidbare Folge der Arbeitsteilung sind. Wenn verschiedene Einheiten einer Organisation unterschiedliche Aufgaben und konkurrierende Zwecke zu verfolgen haben, müssen die jeweils Verantwortlichen die aus diesen Zweckwidersprüchen erwachsenden Konflikte miteinander austragen.

Die aus den Zweckwidersprüchen erwachsenden Konflikte sind kein Betriebsunfall, sondern im Gegenteil ein notwendiges Korrektiv und Instrument der Selbstbeobachtung der Organisation. Die Beteiligten können sich entscheiden, ob sie darin blutig und rücksichtslos agieren wollen oder zivilisiert, argumentativ und mit innerer Distanz. Zwischen Person und Funktion zu unterscheiden befreit Budget-Auseinandersetzungen, Zuständigkeits-Konkurrenzen und Strategie-Diskussionen von emotionalem Ballast und unnötigen persönlichen Verletzungen. Dass Zeitpläne für die Produktentwicklung in den Augen der Leiter von Forschung und Entwicklung viel zu knapp, aus Sicht der Produktion zu vage, für den Vertrieb zu langsam und für den Finanzvorstand entschieden zu teuer sind, ist der Normalfall. Und alle haben natürlich recht, unabhängig von unterstellten oder tatsächlichen Charaktereigenschaften, Profilneurosen und narzisstischen Störungen der beteiligten Personen.

Funktionaler Einsatz von Spannung: Kollege Wadenbeißer

Wie Organisationskonflikte nicht mit Harmonie-Appellen kaschiert, sondern offensiv ausgestellt werden, haben wir in schöner Deutlichkeit bei einem Beratungsprojekt erlebt. In einer Strategiebesprechung erklärte der Vorstandsvorsitzende unseres Klienten vor dem gesamten Vorstand und der zweiten und dritten Führungsebene des Unternehmens, die Aufgabe des anwesenden neuen Finanzvorstands sei die des Wadenbeißers. Wenn die Kolleginnen und Kollegen den Atem dieses angriffsfreudigen Kampfhundes nicht bedrohlich an der Wade spüren, wenn sie nicht befürchten müssen, dass er jederzeit zubeißen kann, dann mache er seinen Job nicht gut. Davon aber sei nicht auszugehen. Angesichts der Kompetenz, des Scharfblicks und der Unbestechlichkeit des neuen Kollegen sollten sich die Führungskräfte besser an das unangenehme Gefühl in der Wadengegend gewöhnen. Das war nicht zynisch oder brutal, sondern erfrischend klar und nüchtern. Genau darin, diese Spannung aufrechtzuerhalten und bei jeder Entscheidung und jedem Organisationsprozess mit Penetranz und Konfliktbereitschaft die Kostenfrage zu stellen, liegt die Funktion des sparsamen Wadenbeißers im Finanzvorstand. Es sind Aufgaben, die nichts mit seinen privaten Charakterzügen oder dem persönlichen Verhältnis zu seinen Kolleginnen und Kollegen zu tun haben müssen.

Andere Beispiele solcher »strukturell bedingt und daher funktional sinnvoll« (Luhmann 1964, 222) auftretenden Wadenbeißer zählt Luhmann auf: »Der ›lästige Jurist‹, der alle denkbaren Bedenken einer spezifischen Umwelt von Rechtsgelehrten ins Getriebe streut.« Oder »der Haushaltsreferent des Fachministeriums, der (...) den eigenen

Kollegen kostspielige Wünsche ausreden muss, was dann so aussieht, als ob er die Ziele seines eigenen Hauses nicht mehr verfechte« (Luhmann 1964, 222). Damit pflegen die lästigen Kollegen keine persönlichen Marotten, zumindest nicht zwangsläufig. Sie erfüllen eine Funktion, indem sie einander widersprechende Anforderungen der Umwelt als interne Spannung in die Organisation tragen: Ein Unternehmen muss den Gesetzen genügen, Exportmärkte erschließen, nach Möglichkeit Dividenden an Anteilseigner ausschütten, Marktanteile verteidigen, fähige Mitarbeiterinnen für sich gewinnen, Kosten reduzieren und neue Produkte entwickeln. Jeder dieser Zwecke ist notwendig, und jeder kann mit anderen, genauso notwendigen Zwecken in Widersprüche geraten. Diese Zweckwidersprüche sind zwar völlig personenunabhängig, landen aber häufig in Form von Personen-Konflikten in den Entscheidungsprozessen der Organisation.

Dysfunktionale Spannungen: Wer nicht weiterweiß, wird laut

Neben solchen fruchtbaren und notwendigen Spannungen gibt es auch die destruktiven und unnötigen Konflikte und ihre Eskalation in Form persönlicher Aggression. Auch sie sind nicht notwendig Ausdruck von Charakterschäden, sondern sehr viel häufiger Symptome schlechter Organisation.

Wir haben das in der Beratung eines Industrieunternehmens erlebt, das nach der Einführung von Gruppenarbeit massive Schwierigkeiten mit der Arbeitskultur bekommen hatte: Vorgesetzte regelten Konflikte, indem sie ihre Untergebenen anbrüllten – Führung durch Lautstärke. Wir sollten dabei helfen, ein vermeintliches Führungsproblem zu beheben und für respektvollere Umgangsformen zu sorgen. In Wirklichkeit lag das Problem nicht bei rüden Vorgesetzten und ihren brachialen Führungsmethoden, sondern in der Organisation selbst. Nur dort konnte man es bearbeiten.

Vor Einführung der Gruppenarbeit lag die Führungsspanne bei 1 zu 400. Nach der Neuorganisation waren in der Produktion ein Gruppenleiter und ein Stellvertreter jeweils für eine Gruppe von 50 Mitarbeitern verantwortlich. Die neu ernannten Führungskräfte hatte das Unternehmen aus der jeweiligen Mannschaft rekrutiert. Kurze Zeit nach diesem Umbau der Organisation wurden die Gruppenleiter in alltäglichen Konflikten und Entscheidungssituationen sehr schnell sehr laut. Untergebene anzuschreien wurde vom peinlichen Ausraster, für den man sich unter Kollegen entschuldigt, zur selbstverständlichen Routine. Der Umgangston der Gruppenleiter war pampig und gereizt.

Wenn viele unterschiedliche Menschen gleichzeitig in solche Verhaltensmuster verfallen, liegt die Vermutung nah, dass das weniger an ihren individuellen Charakterschwächen als an der Überforderung durch die Situation liegt. Die schwierigen Verhältnisse führen zu einem schwierigen Verhalten.

Die Gruppenleiter hatten Titel und Führungsaufgaben bekommen. Aber die Organisation hatte ihnen nicht die dafür nötigen Führungsinstrumente zur Verfügung gestellt. Die Interessen der Arbeiter sind nicht sehr kompliziert: Jeder will die beliebten Schichten mit hoher Schichtzulage, die beliebteren Aufgaben und Einsatzorte. Aber die Gruppenleiter konnten weder über die Schichtzuteilung noch über die Einsatzorte noch über andere Vorteile entscheiden. Ihnen standen gegenüber ihren Mitarbeitern keine Verhandlungsmasse, keine Tauschmittel zur Verfügung (zu Tauschmitteln als Führungsinstrument später). Wir haben die Arbeiter in einer Erhebung danach befragt, welche Ansprechpartner in ihrer Schicht für sie wichtig sind: »An wen wenden Sie sich bei bestimmten Problemen?« Die Gruppenleiter kamen bei den Antworten der Arbeiter nicht vor. Nicht einmal Unterstützung zur Problemlösung war von ihnen zu erwarten, sie waren schlicht irrelevant. Wie soll man so führen?

Gleichzeitig wurden die Gruppenleiter von ihren Vorgesetzten für die Produktivität, die Arbeitssicherheit, das Rauchverbot am Arbeitsplatz oder die Bereitschaft der Belegschaft, bei Bedarf Überstunden zu leisten, verantwortlich gemacht. Die Gruppenleiter wurden zum Prellbock zwischen den Erwartungen der Formalstruktur und ihren Untergebenen, auf die sie mit formalen Mitteln kaum einwirken konnten. Die Fehlkonstruktion in der Formalstruktur ging auf Kosten der Personen. Im Ergebnis wussten sich die Gruppenleiter nicht anders zu helfen, als ihre Untergebenen anzuschreien – ein Versuch, fehlende formale Führungsmittel mit autoritärem Auftreten zu kompensieren und den eigenen Willen irgendwie mit Aggressionsdemonstration durchzusetzen. Das Geschrei zeigte die Schwäche und Hilflosigkeit der Gruppenleiter. Die Lautstärke demonstrierte nicht Macht, sondern wütende Ohnmacht.

Die Leitungsstruktur sorgte also für jede Menge Geschrei, aber nicht für die Produktivitätsgewinne, Impulse zur Effizienzverbesserung, bessere Steuerung und Arbeitssicherheit, die man sich von der Einführung der Gruppenarbeit versprochen hatte. Die Gruppenleiter funktionierten nicht wie erhofft als Transmissionsriemen, Informationskanal oder Agenten einer flexibleren Arbeitsorganisation, sondern lediglich als Puffer zwischen ihren Vorgesetzten und Untergebenen.

Konflikte wurden in dieser Konstellation nicht als personenunabhängige, in der Organisation angelegte Spannung bearbeitet, etwa zwischen knappen Zeitvorgaben und Sicherheitsvorschriften, sondern ungefiltert personalisiert. Das sorgte zuverlässig für ein hohes Aggressionspotenzial der alleingelassenen und überforderten Gruppenleiter. Was blieb, war der Rückfall in elementare Verhaltensweisen, die Demonstration persönlicher Dominanzposen und mehr oder weniger subtile Formen von Gewaltandrohung oder -ausübung. Das Gebrüll der Gruppenleiter antwortete auf ein Organisationsversagen.

Der einzige Vorteil dieser Lautstärke aus Not lag darin, dass sie ein eklatantes Problem anzeigte und dem Management Handlungsbedarf signalisierte. Andere Ausweichbewegungen sind eher leise und verzweifelt. Sie gehen unter Umständen noch stärker auf Kosten der beteiligten Personen – von Resignation oder Mobbing bis hin zu illegalen Führungsmitteln.

Im Fall dieses Industrieunternehmens wurde das Problem bearbeitet, indem man den Gruppenleitern die Entscheidung über Schichteinteilung und Freischichten übertrug. Damit stand ihnen als Führungsinstrument ein Tauschmittel zur Verfügung: Statt zu brüllen, konnten sie ihren Untergebenen jetzt Vorteile gewähren oder entziehen.

Spannungen nutzen

Die Organisation kann (und muss) entscheiden, welche Interaktionen sie spannungsreich halten will und wo formale Regelungen Spannungen zwischen Personen unnötig machen. Spannungen lassen sich als Ressource nutzen, wenn man sie als unvermeidliche Folge der in der Organisation angelegten Zweckwidersprüche versteht. Werden sie stark personalisiert, nehmen nicht nur die Beteiligten, sondern auch die Organisation Schaden. Selbst wenn man den Eindruck hat, bestimmte Verhaltensformen seien Ausdruck von Charakterschwächen, ist der Blick auf die Strukturen der Organisation hilfreich.

Der geschärfte Blick auf die Verhältnisse der Organisation und die Spannungen, die diese hervorrufen, eröffnet der Organisation die Chance, sich zwei wichtigen Fragen zu stellen: Welche Spannungen sind die richtigen? Welche Zielkonflikte sind produktiv für das Geschäftsmodell und sollen wieder und wieder ausgetragen werden? Für diese Spannungen schafft man im nächsten Schritt gezielt Arenen mit eigenen Spielregeln. Sie sollen garantieren, dass die Konflikte auf Basis der Organisationsrollen der Beteiligten und nicht persönlich (und damit auch persönlich verletzend) ausgetragen werden. Gerade wenn Spannungsaustragung als funktional begriffen und erwünscht ist, muss die Organisation die beteiligten Personen davor schützen, sich als Personen in diese Kämpfe zu involvieren. Also nicht auf sie mit Gebrüll – sondern rein in die Schaukämpfe der Organisationsspannung im Korsett der Funktionsrolle.

Mithilfe der Unterscheidung zwischen Mensch und Mitglied und den daraus folgenden Konsequenzen gewinnt der Blick auf die Organisation die nötige Klarheit und eine gewisse Gelassenheit. Es ist entlastend, es sich und den anderen zu ersparen, sich an einem rätselhaften Wesen abzuarbeiten, dem Mitmenschen (der in der Organisation nicht weniger rätselhaft, abgründig, kompliziert und undurchschaubar ist als im Alltagsleben). Der so gewonnene Abstand erleichtert die Aufgabe, sich auf das spezielle soziale System einer Organisation zu konzentrieren. Wie sehen ihre Eigenlogiken aus? Wie lassen sich ihre Operationen beobachten und erfassen? Welche Kategorien, Begriffe, Theoriefiguren sind dabei hilfreich? Und welche Gestaltungsmöglichkeiten stehen in der Ausrichtung ihrer Strukturen zur Verfügung?

Wir wiederholen unsere etwas vermessene Einstiegsfrage: Wie wäre es, wenn sich die Organisation nach den Bedürfnissen ihrer Mitglieder ausrichtet – statt sie mit Personalisierungen, Moralisierungen, Motivationstrainings und anderen Aufdringlichkeiten zu belästigen?

ZWEITER TEIL

DIE
UND

MITGLIEDER
IHRE ORGANISATION

DAS WECHSELSPIEL VON FORMALITÄT UND INFORMALITÄT

WIE DIE ORGANISATION IHRE REGELN DURCHSETZT – UND WESHALB REGELN NICHT ALLES REGELN

Wenn es ungemütlich wird, verdichtet sich die Macht der Organisation in einem einzigen Satz: »Wem es nicht passt, wie das hier läuft, der kann ja gehen!« Das ist die Erinnerung daran, wo wir hier sind: eben in einer Organisation. Zur Verhaltenssteuerung ihrer Mitglieder knüpft sie die Mitgliedschaft an die Einhaltung ihrer formalen Regeln. Bei Verstößen dagegen steht die Mitgliedschaft zur Disposition. Sonst wären es ja keine formalen Regeln, sondern lockere Vorschläge, die man auch ignorieren kann. Ohne die am Horizont immer präsente Möglichkeit der Kündigung, des Parteiausschlusses, der Exkommunikation, der unehrenhaften Entlassung kann kein Unternehmen, keine Partei, keine Armee ihre Mitglieder bei Laune und Disziplin halten. Mit dem vergifteten Angebot, bei fehlender Anpassungsbereitschaft doch zügig zu verschwinden, machen die Vertreter der Formalstruktur die Unabhängigkeit der Organisation von ihren Mitgliedern manifest: Jeder ist nur da, weil er seine Funktion erfüllt. Und wenn nicht, ist er oder sie jederzeit ersetzbar. Besser, man vergisst das nicht. Das Ziel der harten Ansage ist es nicht, an den Spaß bei der Arbeit zu appellieren. Die

Mitteilung an das Funktionsrädchen, dass es entweder funktioniert oder ausgewechselt wird, interessiert sich nicht für Befindlichkeiten und die Höhepunkte intrinsischer Motivation. Aber sie ist in ihrer Deutlichkeit zumindest ehrlich, sie erfüllt ihre Funktion und bringt die Mitglieder auf Linie. Sie haben ihre Rollen zu erfüllen, Punkt. Sie sind nicht der Mittelpunkt, sondern Mittel zum Zweck. Ob die Möglichkeit, Mitglieder bei fehlender Anpassungsbereitschaft zu entfernen, als offene Drohung ausgesprochen oder nur als allen bekannte Tatsache vorausgesetzt wird, die Erwartung, die die Organisation daran knüpft, ist eindeutig: »Wie das hier läuft«, entscheidet und regelt die Organisation. Nicht das Mitglied soll die Organisation formen, sondern die Organisation das Verhalten ihrer Mitglieder. Weshalb diese Erwartung nicht ganz frei von Illusionen ist und weshalb die Wechselwirkungen zwischen Formalität und Informalität wie auch das Verhältnis zwischen der Organisation und ihren Mitgliedern etwas komplizierter und fintenreicher sind, beleuchten wir in diesem Kapitel.

Heute ist der Ausschluss aus wirtschaftlichen, religiösen, politischen oder militärischen Organisationen in demokratisch verfassten Rechtsstaaten nur noch in Ausnahmefällen mit Lebensgefahr verbunden, etwa bei kriminellen Organisationen. Das ist historisch gesehen ziemlich neu, voraussetzungsreich und alles andere als selbstverständlich. Erst die moderne, also funktional differenzierte Gesellschaft stellt die Möglichkeit des relativ unkomplizierten Ausschlusses zur Verfügung. Ein Lehnsherr, der den gleichen Machtdemonstrations-Satz zu einem Vasallen sagt, wäre eine befremdliche Erscheinung gewesen – schon weil er damit gegen seine eigenen Interessen gehandelt und sich des Zugriffs auf die Dienstpflichten des Vasallen beraubt hätte. Ein Gildenoberhaupt, das Mitglieder seiner Gilde, aber damit auch Familienangehörige so adressiert, hätte damit mehr als ein Arbeitsverhältnis infrage gestellt. Diese Abhängigkeiten und Bünde waren darauf ausgerichtet, ein Leben lang zu halten. Der Ausschluss war gleichbedeutend mit dem sozialen Tod der von nun an »vogelfreien«, also komplett rechtlosen Person. Allen Beteiligten war klar, dass sie für ihr gesamtes Leben, mit ihrer ganzen Persönlichkeit samt ihrer Familie aneinander und an die Gilde oder den Lehnsherrn gebunden waren. Damit der Nutzen des Austritts seine sozialen Kosten überstieg, musste die Situation extrem verzweifelt sein, wenn diese Möglichkeit überhaupt bestand.

Die Konstruktion der formalen Mitgliedschaft entschärft diese Abhängigkeit enorm. Man muss keinen Lehnseid leisten, es ist auch nicht notwendig, dass Eltern und Großeltern dem Arbeitgeber persönlich bekannt sind. Treueschwüre sind überflüssig, das Einhalten der formalen Regeln genügt. Die Möglichkeit des einfachen formalen Ein- und Austritts ersetzt die lebenslange Bindung. Die Beendigung der Mitgliedschaft hat keine Konsequenzen für andere soziale Bindungen und Rechte.

Weil die gegenseitige Bindung auf Zeit rein funktional ist, sind die formalen Mitgliedschaftsregeln das entscheidende Steuerungsinstrument, mit dem die Organisation ihre Verhaltenserwartungen gegenüber den Mitgliedern definiert. Anders als feudale Lehnsordnungen oder vormoderne Handwerks- und Zunftregeln beruhen Mitgliedschaftsregeln nicht auf Traditionen, Weltbildern und politischen Ordnungen, sondern allein auf Entscheidungen der Organisation: Jede Organisation schreibt sich ihre eigene

Verfassung. Wie die Regeln aussehen, welches Ziel verfolgt wird, mit welchen Mitteln dies geschieht und wer überhaupt dafür infrage kommt, Mitglied der Organisation zu werden – darüber entscheidet allein die Organisation. Die Einzelheiten der an die Mitglieder gerichteten Verhaltenserwartungen (wer tut was, wie, mit wem?) manifestieren sich in der formalen Mitgliedschaftsrolle. Sie definiert, was von einem Mitglied verlangt wird, wenn es seinen Platz in der Organisation behalten will. Umgekehrt weiß auch das Mitglied, mit welchen Anforderungen es rechnen muss. Zumindest im Prinzip. Wer Organisationen von innen kennt, kennt auch die Indifferenzzonen, in denen zwischen legitimen und illegitimen Verhaltenserwartungen nicht so genau wie im Arbeitsvertrag unterschieden wird.

Hier entsteht ein Problem, das alle kennen, die schon mit Organisationen zu tun hatten. Es genügt nicht, einfach die formalen Regeln einzuhalten. Es gibt weit mehr Anforderungen an Mitglieder, als im Prozesshandbuch und Arbeitsvertrag festgelegt sind. Die formale Struktur der Organisation wird erst brauchbar, wenn sie in der Informalität interpretiert und an die jeweilige Situation angepasst wird. In diesem Kapitel klären wir, wie formale und informale Erwartungsstrukturen in ein Wechselspiel treten und so den Alltag der Organisation prägen. In einem Beratungsprojekt in der Industrie konnten wir dies auf besonders beeindruckende Weise beobachten.

Unfälle sind verboten: Wie in einer Gießerei Regelwerk und Alltagspraxis auseinanderklaffen

In einer osteuropäischen Gießerei kam es seit Jahren zu zahlreichen schweren Arbeitsunfällen. Die hohe Unfallhäufigkeit war überraschend, denn das Unternehmen legte mit ausgefeilten Programmen großen Wert auf Arbeitssicherheit. Es gab ausdifferenzierte Gefährdungsbeurteilungen, Meldeverfahren, Eskalationsstufen. In den Werken fehlte es nicht an gut sichtbaren Hinweisen zur Arbeitssicherheit. Auch die Arbeitsabläufe waren konsequent auf die Sicherheit der Beschäftigten ausgerichtet. Mit noch mehr Vorschriften waren sie nicht zu verbessern. Dieses Instrumentarium war ausgeschöpft. Je genauer wir das Unternehmen untersuchten, desto deutlicher wurde, dass es bei Vorschriften, Anreizen, Programmen fast alles richtig machte.

Was das Management übersah (und vielleicht übersehen wollte), waren die gegenseitigen Abhängigkeiten zwischen Regelwerk und tatsächlichem Verhalten, zwischen Formalstruktur und Informalität. Die informale Seite einer Organisation entfaltet ihre Wirkung, wenn formale Regelungen nicht hinreichen und von den Mitgliedern großzügig interpretiert, ignoriert, unterlaufen oder optional gehalten werden. Das machen sie nicht aus Lust und Laune, sondern zum Beispiel, weil die formalen Regeln den Anforderungen der Arbeitspraxis nicht genügen. Auch diese informale Interpretation der formalen Regeln verfestigt bei den Beteiligten Verhaltenserwartungen: In unserer Abteilung läuft das so. Anders als bei den formalen Erwartungen wird in der Informalität über das adäquate und erwartete Verhalten nicht an einer zentralen, identifizierbaren

Stelle entschieden. Informale Erwartungen werden nicht fixiert und formuliert. Sie ergeben sich organisch und wandeln sich schleichend, ohne dass jemand ihre Neuausrichtung angeordnet hätte. Neulinge in der Organisation müssen die Feinheiten ihrer Informalität nach und nach, unter Umständen konfliktreich und in mühsamer Kleinarbeit, in Erfahrung bringen. Wenn es gut läuft, weihen Organisationsveteranen den Neuling in die Raffinessen der Informalität ein, die kurzen Dienstwege, Trampelpfade, heimlichen Hierarchien, gelebten Kollegialitäten, diskreten Kommunikationskanäle, geduldete und erwartete Regelabweichungen, die nirgends aufgeschriebenen, aber trotzdem allen geläufigen Sitten und Gebräuche.

Bei der Suche nach der Ursache für die häufigen Arbeitsunfälle mussten wir nicht nur die Vorschriften zur Arbeitssicherheit, sondern diese Sitten und Gebräuche im Arbeitsalltag in der Gießerei in den Blick nehmen. Dabei konnten wir unsere grundlegende Prämisse nutzen: Die Verhältnisse bestimmen das Verhalten. Im Fall der Gießerei bedeutete das, den Grund für die schlechte Unfallstatistik nicht zuerst bei den Individuen zu suchen. Die Unfälle waren zu häufig, sie ereigneten sich immer wieder und über einen langen Zeitraum, es waren zu viele Beschäftigte daran beteiligt, als dass der Verweis auf individuelles Fehlverhalten als Erklärung genügt hätte. Es musste also objektive Anreize (oder Zwänge) geben, die die Arbeiterinnen und Arbeiter dazu brachten, nicht aus Versehen und einmalig, sondern bewusst und immer wieder riskant zu handeln und die Möglichkeit eines Arbeitsunfalls in Kauf zu nehmen. Diese Anreize mussten wir identifizieren. Sie konnten nur in der Formalstruktur liegen, auf die die Informalität immer reagiert, zum Beispiel um ihre Defizite zu kompensieren oder um ihre Lücken für kleine persönliche Vorteile zu nutzen.

Wie war die Lage des Unternehmens? Die blühenden Zeiten des Stahlgießens in Europa gehören schon lange der Vergangenheit an. Die Produktionskosten steigen, die Erträge sinken, die Zukunft vieler Werke ist ungewiss. Die Arbeiterinnen und Arbeiter in der Gießerei wussten, dass ihr Werk eine hohe Produktivität benötigt. Ein wichtiger Faktor ist dabei der möglichst reibungslose Betrieb der Anlage. Jede ungeplante Unterbrechung der Produktion, das Runter- und wieder Hochfahren der Anlage, ist teuer, zeitraubend und arbeitsaufwendig. Man will diese Störung nach Möglichkeit vermeiden. Dafür ist nicht einmal eine Aufforderung aus dem Management oder von unmittelbaren Vorgesetzten nötig. Die Arbeiter handeln selbst entsprechend, aus Berufsstolz, aus Routine, um die Zukunft ihres Werkes zu sichern. Das Unternehmen übt keinen Druck auf die Arbeiter aus, im Gegenteil. Es verzichtet bewusst auf Prämien für einen unterbrechungsfreien Betrieb, um keine Anreize für riskantes Verhalten zu schaffen. Doch die Produktion selbst schafft diesen Druck. Die Anlagen, den Materialfluss, die Produktion am Laufen zu halten ist ein evidentes Handlungsziel. Ihm wird alles andere untergeordnet. Die Arbeiterinnen und Arbeiter tun konsequent, was sie für diesen Zweck für nötig halten, auch wenn sie dabei regelmäßig gegen Sicherheitsvorschriften verstoßen. Gleichzeitig erleichtern sie sich so den Schichtalltag: Jede Unterbrechung der Produktion bedeutet zusätzlichen Stress, den man vermeiden will.

Es ist für das Management schwierig, das aufzubrechen. Wir konnten beobachten, dass die Arbeiterinnen und Arbeiter sogar direkte Hinweise ihrer Schichtleitungen auf die Einhaltung der Arbeitssicherheit ignorierten, um eine Betriebsunterbrechung zu verhindern. Wir waren fasziniert: Weshalb setzten sie sich diesen Unfallrisiken aus? Wie konnten sie sich diesen Eigensinn und den offenen Verstoß gegen Vorschriften mit großer Selbstverständlichkeit leisten? Weshalb befürchteten sie keine Sanktionen für ihren Regelbruch, der seit Langem geübte Praxis war? Offensichtlich hatte sich die Macht in der Organisation verschoben.

Regeln, die nicht durchgesetzt werden (können), erodieren

Um diese Machtverschiebung zu verstehen, wollten wir wissen, weshalb die formalen Regeln ihre Durchsetzungskraft verloren hatten. Das geschieht zum Beispiel, wenn sie in Vergessenheit geraten, weil sie schon lange nicht mehr beachtet, benötigt und durchgesetzt werden. Irgendwann werden die von der pragmatischen Informalität ausradierten Regeln dann entweder reaktiviert und aufs Neue durchgesetzt oder auch von der Formalität als überflüssig erkannt und gestrichen. Nicht ganz so entspannt ist das Verhältnis zwischen Informalität und Formalität, wenn die Mitglieder wissen, dass ihre Organisation es sich gar nicht leisten kann, sie für Regelbrüche zu sanktionieren. Power to the People! Das war in der Gießerei der Fall.

Das unterste, ausführende Organ der Hierarchie sind dort die Schichtleitungen. Sie steuern die Arbeit der Schichtmannschaften in der Produktion, sie sind für die Besetzung der Schichten und die Einhaltung der Regeln am Arbeitsplatz verantwortlich. Zumindest in der Theorie, also in ihrer formalen Rolle und im Organigramm. In der Praxis müssen sie sich mit ganz anderen Problemen herumschlagen. Die Schichten sind zu dünn besetzt. Krankheitsquoten und Altersdurchschnitt sind hoch. Viele Mitarbeitende haben nach einem langen, harten Arbeitsleben körperliche Einschränkungen und dürfen zum Beispiel keine schweren Gewichte heben. Diese Probleme sind von der Organisation zwar mitverursacht, werden aber nicht von ihr bearbeitet. Das überlässt sie dem Informalitätspuffer und den Personen. In der Konsequenz müssen die Schichtleitungen die ausgedünnten Schichtmannschaften darum bitten, unbeliebte Schichten und Aufgaben zu übernehmen. Sie haben keine Möglichkeit, einfach anzuordnen, was sie im Interesse der Produktion für notwendig halten. Formal sind die Schichtleitungen der letzte Vorposten der formalen Hierarchie in der Produktion. In der Arbeitspraxis sind sie vom guten Willen der Arbeiter abhängig und machen sich zu ihren Klassensprechern. Sie haben auch kaum eine andere Wahl, wenn sie die Verschiebung der Macht von der Formalität zur Informalität irgendwie kaschieren und zumindest den Anschein von Führung behaupten wollen.

Weil die Schichtleitungen in der Werkhalle über wenig Durchsetzungsmacht verfügen, bleiben ihre Aufforderungen, zum Beispiel Sicherheitsvorschriften einzuhalten, wirkungslos. Die formal vorhandenen Sanktionsmöglichkeiten (etwa Abmahnungen bei wiederholtem Fehlverhalten) können sie nicht einsetzen, ohne ihre Klassensprecherrolle zu gefährden. Notfalls können die Arbeiterinnen und Arbeiter solche Durchgriffsversuche einfach damit beantworten, sich der nächsten Bitte um Überstunden oder eine Zusatzschicht zu verweigern. Weil alle Beteiligten wissen, wer hier wen braucht, verzichten die Schichtleitungen lieber auf Machtproben, die nur ihre relative Ohnmacht demonstrieren würden. Die Drohung mit einer Abmahnung und der Möglichkeit der Entlassung wäre angesichts der dünnen Personaldecke ohnehin nicht viel mehr als ein leicht zu durchschauender Bluff. Hinzu kommt: Die Schichtbelegschaften arbeiten zum Teil seit Jahrzehnten zusammen. Aus den Mannschaften sind soziale Gruppen und aus Organisationsmitgliedern Gruppenangehörige geworden. Die Ordnung der Gruppe ersetzt und unterhöhlt die formale Hierarchie. Entsprechend wenig lassen sich die Arbeiter und Arbeiterinnen von ihren Vorgesetzten sagen.

Der Organisationsspitze ist die Ohnmacht und Hilflosigkeit der Schichtleiterinnen und Schichtleiter nicht verborgen geblieben. Statt ihnen brauchbarere Führungsinstrumente zur Verfügung zu stellen, wurden ihnen Coachings verordnet. Die Schichtleitungen mussten Kurse zu Personalführung und Arbeitssicherheit über sich ergehen lassen und durften sich anhören, dass sie einfach als gutes Beispiel vorangehen sollten. Verkürzt lautete die Botschaft: Ihr seid für eure Sicherheit und die eurer Kollegen verantwortlich, haltet euch an die Regeln! Es ist ein Appell, der implizit fehlendes Verantwortungsbewusstsein und mangelnde Regeltreue als Problemursache unterstellt. Mit dieser Rhetorik der Eigenverantwortung delegiert die Organisation ihre eigene Aufgabe, für eine sichere Arbeitsumgebung zu sorgen, an die Arbeitskräfte. Es ist das vertraute Muster der Problemverschiebung von der Organisation und ihren Strukturen auf Personen, das wir oben beschrieben haben (im Kapitel → Warum sachlich bleiben, wenn es auch persönlich geht). Dort sind wir bereits Niklas Luhmanns Analyse begegnet, die auch hier gilt: Schuldzuweisungen auf Personen haben eine Entlastungsfunktion. Sie »lenken von den eigentlichen Quellen des Übels in der dominierenden formalen Struktur ab und dirigieren die Vorwürfe ins Persönliche und Moralische, wo sie ohne Konsequenzen verhallen« (Luhmann 1964, 51 f.). Entsprechend hilflos wirkten die Coaching-Manöver – und entsprechend folgenlos blieben sie für die Unfallstatistik der Gießerei.

Gegen marode Anlagen und unzumutbare Arbeitsbedingungen hilft kein Handbuch

Die dünne Personaldecke sorgte für jede Menge Reibungspotenzial und die Ohnmacht der Schichtleitungen. Aber sie erklärte nicht, weshalb sich die Arbeiterinnen und Arbeiter immer wieder riskante Manöver zumuteten, um eine Unterbrechung der Produktion zu verhindern. Wir fanden auch dafür die Ursache in den Verhältnissen. Die Arbeiter machten das nicht, weil sie das unbedingt wollten, sondern weil sie von ihren Arbeitsbedingungen dazu gezwungen wurden. Für diese Arbeitsbedingungen war die Formalstruktur verantwortlich. Ihre Zumutungen mussten die Personen irgendwie auf eigenes Risiko kompensieren. In der Gießerei bestand diese Zumutung in der technischen Ausstattung.

Ein großer Teil der Produktionsanlagen war vor langer Zeit in den Hochphasen der Gießerei angeschafft und seitdem aus Kostengründen nicht mehr erneuert worden. Die Anlage war wie die Belegschaft überaltert. Die störanfällige Technik sorgte für Arbeit unter Stressbedingungen. Ein Beispiel von vielen: In einer Anlage wurde flüssiges Eisen aus riesigen Behältern, sogenannten Pfannen, in die Form gekippt. Diese Arbeit war heiß, gefährlich und in den Asbest-Schutzanzügen körperlich anstrengend. Das wurde einmal pro Schicht gemacht und dauerte zwei bis drei Stunden. Danach kontrollierten die Arbeiter den weiteren Bearbeitungsprozess im Steuerstand. Wenn sich die Pfanne nicht öffnen ließ, musste man sie zurückschieben, abkühlen lassen und das ganze Verfahren wiederholen. Das bedeutete für die Mannschaft fünf oder sechs statt zwei bis drei Stunden Hochleistungs-Anstrengung in ihrer Schicht. Außerdem hielt das Manöver den Fortgang des gesamten Betriebs auf. Das wollte man unbedingt vermeiden. Also wurde die verklemmte Öffnung unter hohem Risiko mit dem Bunsenbrenner und selbst gemachten Werkzeugen bearbeitet, um die Pfanne irgendwie zu öffnen. Das war lebensgefährlich und natürlich gegen alle Sicherheitsvorschriften. In den Anlagen, die wir untersucht haben, war dieses Verfahren gängige Praxis.

Unter solchen Bedingungen werden Sicherheitsvorschriften zu Makulatur und Ermahnungen, sie einzuhalten, zur Phrase. Sie dienen nicht der Arbeitssicherheit, sondern der Selbstabsicherung der Verantwortlichen: Wenn etwas passiert, können sie nichts dafür – sie hatten die Unfallopfer ja gewarnt. Dasselbe Unternehmen, das die Arbeiter durch marode Anlagen und unzumutbare Arbeitsbedingungen zu riskanten Manövern zwingt, ermahnt sie, solche riskanten Manöver doch bitte zu unterlassen. Auch wenn die Eigenverantwortungs-Appelle zur Arbeitssicherheit gut gemeint sind, wirken sie unter solchen Umständen hilflos und zynisch.

Die Arbeitspraxis in der Gießerei hatte sich von den formalen Regeln entkoppelt. In Situationen wie bei den sich nicht öffnenden Pfannen übernahm die Informalität – weil sie es konnte (angesichts fehlender Sanktionsmöglichkeiten der direkten Vorgesetzten) und weil sie es musste (angesichts der maroden Anlagen). Um die Formalität und ihre Regeln zur Arbeitssicherheit wieder in Kraft zu setzen, musste die Kluft zwischen der Beschreibung auf dem Papier und der Situation in der Werkhalle überbrückt werden. Das konnte nicht durch noch mehr Papier mit Vorschriften gelingen, sondern nur durch die Verbesserung der Arbeitsbedingungen. Mit modernen Anlagen würden die Pfannen seltener klemmen. Die Wiederholung des Arbeitsschritts, sie zu öffnen, wäre die seltene Ausnahme und damit besser verkraftbar. Mit mehr Personal müssten sich die einzelnen Arbeiter dabei nicht zweimal in einer Schicht durch die mühsame Prozedur der Pfannenöffnung quälen. Damit entfiele der starke Anreiz, auf die häufigen Störungen bei der Pfannenöffnung mit riskanten Eingriffen zu reagieren.

Unter bestimmten Konditionen, etwa indem man das Personal dafür schult und ausrüstet und klar definiert, unter welchen Umständen der risikobehaftete Eingriff auf welche Weise erlaubt ist, wäre diese bisher illegale Praxis sogar gegenüber Aufsichtsgremien und Versicherungen vertretbar. Damit ließe sie sich legalisieren, in der Formalstruktur abbilden und verregeln. Der von der Organisation erzwungene und gleichzeitig verbotene Regelverstoß wäre dann ein regulärer Arbeitsschritt in einer Notfallsituation. Die Arbeiterinnen und Arbeiter wären besser geschützt, sowohl physisch (bei ihrer Aktion an der Pfanne) als auch rechtlich (sie handeln im Rahmen der Formalität). Was bisher mehr oder weniger gezielt ignoriert wurde, wäre als Ressource nutzbar, um die Arbeit im Interesse der Beschäftigten wie des Unternehmens besser zu organisieren.

Ich sehe was, das du nicht siehst: Die Blindheit der Formalität

Das oben beschriebene Ignorieren der illegalen Praxis seitens der Organisation war kein Zufall oder individuelles Versagen der Verantwortlichen in der Gießerei. Es hat seine Ursache unter anderem darin, dass Organisationsmitglieder in formalen und informalen Rollen agieren. Zwischen ihnen zu trennen und zu entscheiden, in welcher Situation, vor welchem Publikum welche der beiden Rollen angebracht ist, lernen Organisationsmitglieder sehr schnell. Schon weil sie anders in der Organisation nicht lange überleben. Für Luhmann ist diese Rollen-Unterscheidung kein zufälliges Beiwerk, irgendeine vernachlässigenswerte Eigenart der Personen, sondern »ein wesentliches Kennzeichen aller zweckrational formalisierten Systeme« (Luhmann 1964, 295). Vermittelt wird die so notwendige wie schwer zu fassende Fähigkeit zur Rollen-Trennung ausschließlich im direkten, informalen Austausch mit den Kolleginnen und Kollegen. Jeder Versuch, dieses Wissen zu dokumentieren, zum Beispiel damit auch die oberen Etagen wissen, wie es unten zugeht, oder um Formalität und Informalität besser aufeinander abzustimmen, wäre naiv und zum Scheitern verurteilt.

Das Wechselspiel zwischen formaler und informaler Situationsdeutung, die Unterscheidung zwischen formalen und informalen Verhaltenserwartungen lässt sich nicht mit Arbeitsverträgen oder Organigrammen festschreiben. Kein Regelbuch und kein Arbeitsprogramm kann die informale Absprache, den kurzen Dienstweg, die kollegiale Hilfe außerhalb des eigenen Zuständigkeitsbereichs regeln. Denn damit würde die Organisation die Grenzen der Gültigkeit ihrer Formalstruktur anerkennen und sogar formalisieren – ein Widerspruch in sich. Die Formalstruktur hat keine andere Möglichkeit, als die Fiktion aufrechtzuerhalten, dass sie allein die Arbeitsabläufe steuert und keine Verstöße gegen ihre formalen Regeln duldet. Die Blindheit der Organisationsspitze für die permanenten, hochriskanten Verstöße gegen die Vorschriften zur Arbeitssicherheit in der Gießerei ist nicht nur funktional (dank der Risikobereitschaft der Belegschaft lassen sich die maroden Anlagen weiter betreiben), sondern auch symptomatisch. Sobald die Organisation die wiederkehrenden Verstöße gegen die Arbeitssicherheit wahrnehmen und anerkennen würde, müsste sie sofort etwas dagegen unternehmen – also die Verstöße hart sanktionieren. Weil sie das nicht will oder kann (zum Beispiel weil bei regelkonformer Arbeit die Kosten der häufigen Produktionsunterbrechungen zu hoch wären), die Regelverstöße aber auch nicht offen dulden kann, muss sie so tun, als gäbe es keine Regelverstöße. Das Gesetz kann keine rechtsfreien Räume vorsehen – selbst dann nicht, wenn sie ganz offenkundig existieren.

Formale Regeln benötigen Verhältnisse, in denen man diese Regeln einhalten kann. Stellt die Organisation diese Verhältnisse nicht zur Verfügung, zwingt sie ihre Mitglieder zum Regelbruch. Sie kann es sich dann nicht mehr leisten, den Regelbruch, auf den sie angewiesen ist, zu sanktionieren. Weil sie die Tatsache des permanenten Regelbruchs nicht anerkennen können, entwickeln Organisationen den Hang, ihn mehr oder weniger gezielt zu übersehen. Wenn das Regelwerk nicht erodieren soll, müssen Mitglieder in der Lage sein, es zu befolgen und es zumindest für möglich halten, dass sie für Verstöße sanktioniert werden.

NICHT EINHALTBARE REGELN

WIE DIE FORMALITÄT ZUM ERPRESSUNGSINSTRUMENT, ZUM SELBSTZWECK ODER ZUM SARGNAGEL DER ORGANISATION WIRD

Egal womit sich eine Organisation beschäftigt – sie kann sich nicht auf alle Eventualitäten mit formalen Regeln vorbereiten. Selbst in der ruhigsten Umwelt und in stark von wiederkehrenden Routinen geprägten Organisationen, etwa einem Schachverein, einer Friedhofsgärtnerei oder einem Stadtarchiv, ist es nicht möglich, für alles, was geschehen könnte, einen Passus im Prozesshandbuch parat zu haben. Manche Regeln können nur unter bestimmten Bedingungen eingehalten werden. Andere muss man manchmal umgehen, um pragmatische Problemlösungen nicht zu blockieren. Regeln können nicht alles regeln. Reflektierte Entscheiderinnen und Entscheider wissen das. Trotzdem kann es für Organisationen nützlich sein, ein breit aufgefächertes, in sich sogar widersprüchliches Regelwerk zu schaffen und so zu tun, als wären damit alle Abläufe kohärent erfasst. Ein möglicher Nutzen ist: Erpressung. Mithilfe engmaschiger, bis zur Nichteinhaltbarkeit und Unübersichtlichkeit ausdifferenzierter Regelwerke kann sich die Organisation Druckmittel gegenüber ihren Mitgliedern verschaffen. Wenn sie eine Regel befolgen, müssen sie gegen eine andere verstoßen. Das Regelwerk wird zur Falle.

Die Organisation hat verschiedene Möglichkeiten, diese erzwungenen Verstöße für sich zu nutzen. Sie können zum Tauschmittel werden, etwa um Leistungen einzufordern, auf die die Organisation formal keinen Anspruch hat. Im Gegenzug ist sie gnädigerweise so großzügig, den Regelbruch nicht zu sanktionieren. Weitverbreitet, für die Organisation genauso nützlich und moralisch ebenso fragwürdig ist die Methode, detailliert regulierte, aber im Alltag als eher lästig und nicht besonders wichtig wahrgenommene Randbereiche wie Reisekosten- oder Spesenabrechnungen auf Verstöße zu untersuchen. Im Alltagsgeschäft stören diese kleinen Unregelmäßigkeiten aus Bequemlichkeit, Gewohnheit oder Pragmatismus nicht weiter. Aber wenn sie gut dokumentiert sind, kann sich die Organisation hier mit gerichtsfestem Material versorgen, das beispielsweise bei arbeitsrechtlichen Auseinandersetzungen hilfreich ist. Der Verweis auf falsche Spesenabrechnungen wird gern benutzt, wenn sich ein Unternehmen zügig und unkompliziert zum Beispiel von hochrangigen Managern trennen will. Die Gründe für die Entlassung mögen ganz andere sein, liefern aber nicht so eindeutige und gut beweisbare Schuldzuschreibungen.

Ganz ohne Risiko ist diese Methode nicht, denn was vor Gericht Bestand hat und was nicht, wird eben vor Gericht und nicht in der hauseigenen Rechtsabteilung entschieden. Zu den Risiken des Unternehmens bei solchen unschönen Manövern gehört nicht nur, dass die Abfindung teurer werden kann als angestrebt, es drohen auch Reputationsschäden. Ein Arbeitgeber, der aus dem Laden privater

Smartphones am Arbeitsplatz oder dem Einlösen gefundener Pfandbons Kündigungsgründe konstruiert, wirkt nicht besonders sympathisch.

Regeln entwickeln allein dadurch Wirkung, dass alle Beteiligten von ihnen wissen. Sie müssen nicht unbedingt angewendet werden, um zu wirken. Es genügt, dass die Möglichkeit ihrer Anwendung bekannt ist. Darin gleicht ihre Funktion der von Atomwaffen im Kalten Krieg: Sie stabilisieren Verhältnisse, in denen sie nicht zum Einsatz gebracht werden müssen. Der Sinn dieser Regeln liegt »nicht in strikter, buchstäblicher Durchführung, sondern darin (…), dass ihre Durchführung möglichst vermieden wird. Auch das komplizierte Regelwerk der Geschäftsordnung wird nur in kranken Fällen ausdrücklich benutzt; es wirkt dadurch, dass man es zitieren *könnte*« (Luhmann 1964, 275). Das prominenteste Beispiel dafür ist natürlich die Möglichkeit des Ausschlusses aus der Organisation bei Verstoß gegen ihre formalen Regeln. Ein anderes Beispiel ist der in vielen Organisationen eher selten eingesetzte Befehl. Man weiß, dass der Vorgesetzte im Konfliktfall einfach anordnen könnte. Man antizipiert die Anordnungen, um ihn nicht dazu zu zwingen, sie zu treffen. Das erspart den Untergebenen die Demütigung, den eigenen Status als Befehlsempfänger vorgeführt zu bekommen. Befehle zu erteilen ist wie die Androhung der Kündigung »nur eine letzte Möglichkeit, bestimmt aber als solche das Verhalten, indem es als mögliche Reaktion ständig vorweggenommen wird – so wie ganze Schachpartien durch nie gezogene Züge bestimmt werden« (Luhmann 1964, 275).

Müssen Vorgesetzte ständig ihre Autorität und Verfügungsgewalt über die Untergebenen betonen, signalisiert das eine problematische Struktur (oder einen problematischen Charakter der oder des Vorgesetzten). Wer ständig betonen muss, dass er Macht hat, demonstriert seine Zweifel daran, ob die anderen seine Macht anerkennen und ob er die ihm formal zustehenden Machtbefugnisse wirklich anwenden kann. Wäre er seiner Macht sicher, hätte er den Verweis darauf nicht nötig. Gut justiertes Regelwerk zeichnet sich durch seine Geräuschlosigkeit aus.

Neben dem für die Organisation nützlichen Gebrauch von Verordnungen und Regeln gibt es unzählige Möglichkeiten, wie sie sich durch ihre eigenen formalen Regeln behindern oder vollständig lähmen kann. Im Folgenden stellen wir einige Beispiele aus unserer Beratungs- und Forschungspraxis vor. Bemerkenswert ist, dass vor dem Hintergrund des jeweiligen Unternehmens der Bau der verunglückten Formalstruktur zunächst rational wirkt: Die Organisationsverantwortlichen hatten gute Gründe, ihr Regelwerk so zu konstruieren. Seine schädliche Wirkung entfaltet es trotzdem. Der Blick auf solche Fehlkonstruktionen und ihre Folgen ist interessant und lehrreich, weil sich ähnlich heimtückische Fallen in vielen Organisationen finden.

Regeln brauchen Ausnahmen: Gleiches Recht für alle gelingt nicht immer

Allgemeine Regelungen können sinnvoll, für spezielle Bedürfnisse aber trotzdem unbrauchbar sein. Sehen die allgemeinen Regelungen für diesen Fall keine Ausnahmen und Sonderregeln vor, stellen sie die Organisationsmitglieder vor die Alternative, entweder die Regeln zu brechen oder die von den Regeln behinderten Aufgaben nicht erfüllen zu können. Das klingt abstrakt, ist aber Alltagspraxis in vielen Unternehmen.

Ein Industriekonzern hatte über viele Jahre seine IT-Abteilung verkleinert, zahlreiche Stellen nicht neu besetzt und für wichtige Aufgaben externe Fachleute herangezogen. Im Ergebnis beauftragten 250 interne IT-Einkäuferinnen und Projektmanager etwa 10.000 Beschäftigte externer Dienstleister. Der Konzern hatte die konzeptionelle Steuerungskompetenz verloren, seine kleine IT-Abteilung konnte die Prozesse nur noch verwalten. Um die Abhängigkeit von externen IT-Dienstleistern zu korrigieren, sollten in wenigen Monaten etwa 800 Fachkräfte eingestellt werden. Das war für die kleine Abteilung ein ambitioniertes Ziel in einem engen Zeitfenster. Gleichzeitig galt konzernweit ein Einstellungsstopp. Für jede Neueinstellung galten hohe formale Hürden, etwa der Nachweis, dass eine Position nicht intern besetzt werden kann. Die letzte Hürde war die Genehmigung durch einen Ausschuss, der nur alle zwei Monate tagte. Das machte es unmöglich, in wenigen Monaten 800 hoch spezialisierte Informatikerinnen und Informatiker einzustellen. Bis alle Hürden genommen und die Einstellungen genehmigt waren, hatten die gefragten Fachleute längst bei anderen Arbeitgebern unterschrieben.

Das allgemeine Verfahren, das Einstellungen erschwert, war für den gesamten Konzern in wirtschaftlich schwieriger Lage funktional. Aber es war dysfunktional für das spezielle Ziel, zügig die IT-Abteilung auszubauen. Die IT-Verantwortlichen mussten im Interesse des Konzerns die vom Konzern erlassenen Regeln umgehen. Das geschah zum Beispiel, indem sie ohne Erlaubnis Verträge abschlossen oder die gesuchten Informatiker als Scheinselbstständige beschäftigten. Das war zwar nicht legal und teurer als die Festanstellung, aber konform mit den Regeln des Unternehmens.

Dieses Muster ist häufig zu beobachten: Der Vorstand will sparen – das ist als Ziel immer zu begründen, etwa als Signal an die Finanzmärkte. Im Rahmen des Sparprogramms wird ein Einstellungsstopp verfügt. Die Folge: Man darf nicht einstellen, auch dann nicht, wenn man für bestimmte Aufgaben dringend zusätzliches Personal braucht und auch das nötige Budget dafür hat. Also werden die Vorgaben bei höheren Kosten und schwächeren Steuerungsmöglichkeiten umgangen, etwa durch die Beschäftigung von Interimsmanagern oder durch Outsourcing an Agenturen und Leiharbeitsfirmen. Das wäre bei größerer Flexibilität der allgemeinen Regel vermeidbar, allerdings mit dem Risiko, das Sparprogramm mit Ausnahmeregelungen zu durchlöchern und unglaubwürdig zu machen.

Überregulierung: Wenn die Prozess-Absicherung zur Blockade führt

Das Bedürfnis nach umfassender Kontrolle wächst besonders nach existenzbedrohenden Krisen. Unternehmen, die einmal in den Abgrund geblickt haben, neigen zu einer gewissen Überregulierung und wollen alle potenziellen Risiken ausschließen. Am besten mithilfe des Instruments, das die Organisation im Gegensatz zu unkontrollierbaren Umweltfaktoren selbst steuern kann: ihrer Formalstruktur. Je penibler das Regelwerk, so die Hoffnung, desto größer ist die Wahrscheinlichkeit, die Wiederholung solcher Krisen zu vermeiden. Übersehen wird, dass jede Problemlösung für Lösungsprobleme sorgt.

Das konnten wir bei einem Hersteller von Solaranlagen beobachten. Der Mittelständler hatte sich mit seinem ehrgeizigen Expansionskurs auf internationalen Märkten übernommen. Er verkaufte die Solaranlagen auch in Länder, mit deren rechtlichen Regularien er bei Vertragsabschluss nur unzureichend vertraut war. Nicht eingehaltene Lieferfristen können etwa zu hohen Strafzahlungen führen. Mit einem Kunden in einem westeuropäischen Land hatte das Unternehmen Lieferverträge in großem Umfang und mit ehrgeizigen Terminvorgaben unterschrieben. Dabei hatte es die eigenen Möglichkeiten und Produktionskapazitäten deutlich überschätzt. Das Unternehmen konnte den Vertrag nicht einhalten, ihm drohten Strafzahlungen in Millionenhöhe. Nur komplizierte, langwierige Verhandlungen mit Banken, Lieferanten und Kunden bewahrten den Solaranlagen-Hersteller knapp vor der Insolvenz.

Diese Nahtod-Erfahrung führte zu einem extremen Absicherungs- und Kontrollbedürfnis. Zahlreiche Regularien, ein mehrstufiger Genehmigungs- und Gegenzeichnungsprozess verzögerten nun die Unterzeichnung jedes einzelnen Vertrags um mehrere Monate. Das Programm war darauf ausgelegt, jedes mögliche oder auch abwegige Risiko zu benennen. Die Vielzahl der gegenzeichnungspflichtigen Verantwortlichen mit hohem (Selbst-)Absicherungsbedürfnis sorgte dafür, dass jeder von ihnen seine Bedenken gegen geplante Projekte dokumentierte. Im Ergebnis konnte nur der CEO die Entscheidung treffen. Um handlungsfähig zu bleiben, musste er die bis zur Unüberschaubarkeit aufgehäuften Warnungen und Risikovermutungen der Vorinstanzen bei seiner Entscheidung ausblenden. Hätte auch er sich an das Programm der maximalen Risikovermeidung gehalten, hätte das zur Einstellung des Geschäftsbetriebs geführt: Der sicherste Weg, jedes Restrisiko bei Vertragsabschlüssen zu vermeiden, ist der Verzicht auf Vertragsabschlüsse.

Kontroll-Rituale: Wenn Regeleinhaltung zum Selbstzweck wird

Organisationen haben unterschiedliche Gründe dafür, eine Compliance-Abteilung einzurichten. Zum Beispiel um die Schauseite der Organisation auf der Höhe der Zeit zu halten: Ab einer bestimmten Unternehmensgröße gehört es zum guten Stil und den Erwartungen der Umwelt, dass eine eigene Abteilung auf Regeltreue achtet. Compliance ist dann, unabhängig von ihren anderen Funktionen, Teil der Außendarstellung des Unternehmens (und manchmal vielleicht nicht viel mehr). Natürlich sind viele Vorstände auch ehrlich überzeugt vom Nutzen und der Notwendigkeit einer selbstbewussten und durchsetzungsstarken Compliance in ihrem Unternehmen.

Kompliziert kann es werden, wenn die Compliance-Beauftragten naiv und unreflektiert von ihrem Auftrag überzeugt sind und davon ausgehen, dass eine Organisation eigentlich nur die lückenlose Befolgung der formalen Regeln benötigt, um reibungslos zu funktionieren. Was außerhalb der Regeln geschieht, muss in dieser Sicht in die Formalstruktur eingebaut werden, soweit es für die Organisation nützlich ist. Regelverstöße, die der Organisation schaden, müssen ausnahmslos hart sanktioniert und unterbunden werden. In dieser etwas zu schematischen und organisationssoziologisch unaufgeklärten Perspektive ist der Regelbruch die Quelle allen Übels und unbedingt zu vermeiden. Das Paradox der Compliance liegt dabei darin, dass schon ihre Existenz darauf verweist, dass nicht alle Regeln jederzeit eingehalten werden – sonst wäre sie ja nicht nötig. Dass sich das Unternehmen eine eigene Abteilung zur Überwachung der Regeltreue leistet, deutet Probleme mit Auswüchsen der Informalität an. Mindestens naiven Compliance-Beauftragten fällt es schwer, den Zweck ihrer Abteilung in der Pflege der Schauseite der Organisation und der Darstellung moralischer Integrität zu sehen. Sie missverstehen und überinterpretieren ihre Aufgabe als Auftrag der eisernen Verteidigung und konsequenten Durchsetzung der Formalstruktur. In der Konsequenz unternehmen sie erhebliche Anstrengungen, um ihren Einfluss in der Organisation auszuweiten – ob im Interesse der Regeltreue oder der eigenen Selbstaufwertung ist dabei nicht immer leicht zu unterscheiden.

Einen Extremfall solch einer invasiven Compliance-Abteilung haben wir bei einem Beratungsprojekt kennengelernt. Nach einem Korruptions-Skandal bei einem Heimbetreiber der Altenpflege waren Rechtfertigungsdruck, Absicherungsbedürfnisse und Kontrollbedarf groß. Der Compliance-Beauftragte nutzte die Situation zur Ausweitung der eigenen Machtbefugnisse. Das von seiner Abteilung verfasste Organisationshandbuch mit rund 700 Seiten regelte alle Abläufe auf das Penibelste, bis hin zu Dienstanweisungen etwa zur Dauer eines Gesprächs mit Angehörigen von Verstorbenen oder dem Budget für die Weihnachtsfeier. Das Handbuch war eine einzige Entmündigungsoffensive und Misstrauenserklärung gegenüber den Mitarbeiterinnen und Mitarbeitern.

Die Folge war eine ausufernde Überbürokratisierung, die dafür sorgte, dass die Organisation einen erheblichen Teil ihrer Ressourcen darauf verwendete, sich selbst zu kontrollieren. Man beauftragte etwa für IT-Dienstleistungen, Reinigungsdienste oder Reparaturarbeiten nicht die zuverlässigsten Anbieter, sondern die kostengünstigsten. Das war im Ergebnis zwar zeitraubend und fehleranfällig und damit im Ergebnis kostspielig. Aber durch die Wahl kostengünstiger Dienstleistungen konnten sich die Entscheiderinnen und Entscheider gegen misstrauische Nachfragen und Unterstellungen der Compliance-Abteilung absichern. Die ausufernden Kontroll- und Absicherungsbedürfnisse belasteten die alltäglichen Arbeitsabläufe erkennbar. In unseren Workshops fielen die Organisationsbeschreibungen vonseiten der Führungskräfte harsch bis zynisch aus. Ein Zitat aus diesen Gesprächen: »Die Organisation leidet unter einer Massenpsychose.«

Die Untersuchung dieser Organisation war faszinierend. Sie hatte alle Möglichkeiten für pragmatische Lösungen und Eigeninitiativen in der Informalstruktur erfolgreich

»Diese Nahtod-Erfahrung führte zu einem extremen Absicherungs- und Kontrollbedürfnis. Zahlreiche Regularien, ein mehrstufiger Genehmigungs- und Gegenzeichnungsprozess verzögerten nun die Unterzeichnung jedes einzelnen Vertrags um mehrere Monate. Das Programm war darauf ausgelegt, jedes mögliche oder auch abwegige Risiko zu benennen. Die Vielzahl der gegenzeichnungspflichtigen Verantwortlichen mit hohem (Selbst-)Absicherungsbedürfnis sorgte dafür, dass jeder von ihnen seine Bedenken gegen geplante Projekte dokumentierte.«

ausgemerzt. Die Einhaltung der Formalien des Organisationshandbuchs war zum Selbstzweck und zur primären Handlungsorientierung geworden. Die Trennung zwischen Person und Funktion war in einer Weise radikalisiert, dass die Mitarbeiterinnen nicht nur gegenüber den überschießenden Kontrollmaßnahmen, sondern auch gegenüber ihrer eigenen Arbeit eine zynische Distanz kultivierten. Das war durchaus rational: Das Bestreben, die eigenen Aufgaben ernst zu nehmen, konnte leicht mit dem engmaschigen Regel-Korsett kollidieren. Unter diesen Bedingungen wurde es für die Pflegekräfte, Ärztinnen und Betreuer zum Sicherheitsrisiko, ihre Arbeit möglichst gut (statt möglichst regelkonform) erledigen zu wollen.

Die lähmenden Folgen dieser überbordenden Bürokratisierung waren nicht zu übersehen. Originellerweise wurde der Compliance-Beauftragte gebeten, Lösungsvorschläge für das von ihm verursachte Problem zu entwickeln. Statt das umfangreiche Organisationshandbuch radikal zu entschlacken, schlug er vor, es auszubauen – noch mehr Bürokratie als Versuch, die Organisation vor den Folgen der Überbürokratisierung zu schützen. Die Beschäftigten sollten der Organisationsspitze in einem Formular die Regeln melden, die sie regelmäßig brechen, samt Begründung, weshalb das notwendig sei. Dann, so das Argument des Compliance-Exekutors, könne man ja darüber nachdenken, diese Regeln zu reformieren. Die ausbleibende Resonanz wurde nicht als Indiz für die Unbrauchbarkeit dieses Meldeverfahrens interpretiert, sondern als Bestätigung des vorhandenen Regelwerks.

Auch hier führten Personalisierungen als Erklärung der desolaten Situation nicht allzu weit. Unabhängig von Machtbewusstsein, Selbstaufwertungsinteressen und Kompetenz oder Inkompetenz des Compliance-Beauftragten handelt es sich um eine Organisationspathologie. Die Organisationsspitze hatte zugelassen, dass der Compliance-Beauftragte seine Regelungsansprüche absolut gesetzt, sie gegen die Notwendigkeiten der Arbeitsabläufe immunisiert und so die Arbeitsfähigkeit der Organisation massiv beschädigt hatte. Es ist Aufgabe der Organisationsspitze, ihr Personal vor solchen Überregulierungen zu schützen und der Informalität Raum zu lassen, ohne dabei Korruption und Ressourcenmissbrauch zu tolerieren. Indem die verunsicherte Organisationsspitze ihre Mitarbeiterinnen und Mitarbeiter der Regelungswut des Compliance-Beauftragten ausgelieferte, ersparte sie sich selbst die mühsame Arbeit, die Zweckwidersprüche der Organisation (hier: Regeltreue versus gute Altenpflege) zu integrieren. Sie entzog sich damit ihrer eigentlichen Aufgabe. Im Ergebnis fehlte die notwendige organisationsinterne Spannung, um die Machtansprüche des Compliance-Beauftragten im Interesse der Arbeitsfähigkeit der Organisation auszubalancieren und zu korrigieren.

Ein sehr ähnlich gelagertes Problem begegnet uns im folgenden Kapitel bei einem französischen Logistik-Unternehmen, nur mit dem gegenteiligen Effekt: Statt des Regelhandbuchs wird hier das Gesetz der Straße (oder eher der Mannschaft) am Verladekran zum konsequent durchgesetzten Paradigma.

Formale Regeln können nicht alles regeln. Dafür sind die Anforderungen an die Organisation zu komplex und widerspruchsreich. Die Formalität allein regelt schon gar nicht alles richtig. Im Alltag sind es die Mitglieder der Organisation, die das Regelwerk brauchbar halten – am besten so, dass die Funktionsfähigkeit der Organisation so wenig Schaden nimmt wie die Würde ihrer Mitglieder.

BRAUCHBARE ILLEGALITÄT

WIESO JEDE ORGANISATION MITGLIEDER BRAUCHT, DIE SICH NICHT IMMER AN DIE REGELN HALTEN

Organisationen erwarten, dass ihre Mitglieder die formalen Regeln befolgen. Organisationsmitglieder wissen, dass das Befolgen der formalen Regeln nicht genügt, um in der Organisation zu bestehen. Notfalls müssen sie gegen die Regeln der Organisation verstoßen, um ihre Organisations-Aufgaben halbwegs erfolgreich zu erledigen. Das ist keine Ausnahme, sondern wird in vielen Situationen erwartet – der Regelbruch als Regel. Gängige Formulierungen wie die Aufforderung, sich bitte nicht päpstlicher als der Papst aufzuführen oder die breitbeinige Macherparole, die Hauptsache sei doch wohl, dass das Ergebnis stimmt, signalisieren eine informale, aber unmissverständliche Erwartung: Die Regeln können (und sollen) im Interesse des ungestörten Arbeitsablaufs gedehnt, unterlaufen und interpretiert werden.

Das ist zwar formal illegal, schützt die Organisation aber davor, vom eigenen Regelwerk blockiert zu werden. Die sicherste Methode, eine Organisation stillzulegen, besteht darin, jederzeit alle Regeln penibelst zu befolgen. Das geschieht zumeist (um nicht zu sagen: in der Regel) nicht in bester Absicht, sondern zum Beispiel, um sich an einem unhöflichen Management zu rächen. »Buchstabengetreues, ausschließlich formales, peinlich korrektes Verhalten« kann jede »Organisation lähmen, ja zum Stillstand bringen« (Luhmann 1964, 301). Dienst nach Vorschrift übersteht auf Dauer kein Unternehmen. Deshalb ist er eine effektive Streikform, aber auch eine Art Theaterstück, mit dem die Belegschaft der Hierarchiespitze höhnisch vor Augen führt, dass die Organisation vom guten Willen und der Kreativität ihrer Mannschaft abhängt, während die formalen Regeln (und damit die Hierarchiespitze, die sie erlässt) ohne diesen guten Willen der Belegschaft ziemlich unbrauchbar sind.

Für den Regelverstoß, der mindestens in Teilen der Organisation nützt, verwendet Niklas Luhmann den Begriff der »brauchbaren Illegalität« (Luhmann 1964, 304). Das muss nicht notwendig ein juristischer Straftatbestand sein, auch wenn selbst das unter Umständen zur Praxis brauchbarer Illegalität gehören kann. Aber zuerst verstößt sie gegen die formalen Regeln der Organisation (und damit gegen die wichtigste Bedingung dafür, überhaupt Mitglied der Organisation zu bleiben). Zum Mittel der brauchbaren Illegalität greifen Organisationsmitglieder, um sich selbst zu helfen – zum Beispiel um sich die Arbeit zu erleichtern oder um unsinnige Vorschriften zu umgehen. Gleichzeitig halten sie so die Organisation funktionsfähig. Wenn die Arbeiterinnen und Arbeiter in der oben beschriebenen Gießerei die Sicherheitsvorschriften ignorierten, um eine Betriebsunterbrechung zu verhindern, handelten sie brauchbar illegal. Wenn die oben beschriebene IT-Abteilung trotz geltendem Einstellungsstopp Informatiker einstellte oder die Regelung mit der Beschäftigung von Scheinselbstständigen umging, handelte sie brauchbar illegal. Wenn der übereifrige Compliance-Beauftragte aber im oben beschriebenen Altersheim jeden Akt brauchbarer Illegalität rabiat bekämpft, beschädigt er das Unternehmen und seine Arbeitsfähigkeit.

Die Organisation profitiert von brauchbarer Illegalität, indem sie etwas bekommt, was sie formal nicht ermöglichen oder einfordern kann – im folgenden Beispiel etwa Motivation, Engagement und Gruppenzusammenhalt: Eine Teamleitung, die ihren Leuten zur Belohnung nach erfolgreichen Projektabschlüssen einen Tag frei gibt, ohne dass Krankenscheine oder Urlaubszettel ausgefüllt werden, handelt brauchbar illegal. Das kann sich lohnen, wenn der so geschaffene Anreiz die Mitarbeiter und Mitarbeiterinnen bei Laune hält, sodass sie beim nächsten wichtigen Projekt wieder ohne zu murren Überstunden leisten oder ihr Wochenende opfern. Rein formal entzieht die Teamleitung mit ihrer informalen Großzügigkeit dem Unternehmen allerdings einen Arbeitstag. Würde die Praxis in der Organisation offiziell bekannt, müsste die Teamleitung, die ihre Kompetenzen deutlich überschritten hat, mit ebenso deutlichen Konsequenzen rechnen. Die eigenmächtigen Teamleiterinnen und Teamleiter tragen persönlich das Risiko und können im Zweifel für ihre informale Großzügigkeit von der Formalstruktur sanktioniert werden. Das gilt auch, wenn ihre Entscheidung dem Unternehmen dient und die Produktivität des Teams erheblich verbessert. Die Entscheidung der Teamleitung mag noch so brauchbar sein, sie bleibt aus Sicht der Formalstruktur illegal.

Beim Umgang mit brauchbarer Illegalität kommt es auf das Erwartungsmanagement an. Es ist ein Unterschied, ob der brauchbar illegale Akt die situationsabhängige Ausnahme ist, ein kurzer Verstoß gegen im Prinzip anerkannte Regelwerke – oder ob brauchbar illegales Handeln die Arbeitspraxis durchdringt und sie weitgehend von der Formalstruktur abkoppelt. Der geschenkte freie Tag als informale Leistungsprämie ist erkennbar eine Ausnahme, an die sich keine verfestigten Erwartungen knüpfen lassen. Selbst die riskanten Aktionen der Arbeiterinnen und Arbeiter in der Gießerei sind, obwohl sie sich wiederholen, situationsabhängige Reaktionen auf einen Notfall.

Es kommt aber auch vor, dass die Praktiken der brauchbaren Illegalität so häufig und flächendeckend das formale Regelwerk ignorieren, dass sie von der Ausnahme zur Regel werden. Für die Organisation kann auch das noch unproblematisch sein, es ist schließlich eine brauchbare Praxis. Doch sollte die Organisationsspitze eines Tages versuchen, der Formalstruktur mit ihren Vorschriften wieder Geltung zu verschaffen, kann sie sich auf Konflikte und böse Überraschungen gefasst machen. Das folgende Beispiel erzählt die Geschichte solch einer mit harten Bandagen ausgetragenen Auseinandersetzung zwischen Informalität und Formalität.

Unleash the dragon: Wenn brauchbare Illegalität den Laden übernimmt

Ein französisches Logistikunternehmen bewegte in einer Verladeanlage große Mengen Transportgut. In der Produktion galt ein versteckter Zeitakkord für die Mitarbeitenden, der schon seit Jahrzehnten in Kraft war, aber in den Arbeitsverträgen nicht abgebildet wurde. Pro Schicht musste eine bestimmte Menge Paletten verladen werden. War das geleistet, konnte die Schichtmannschaft bis zum Feierabend Pause machen. Oder sie stempelte sich für die nächste Schicht ein und bekam dann, unabhängig von der tatsächlich benötigten Arbeitszeit, eine Doppelschicht bezahlt. Das war illegal, aber für beide Seiten funktional: Die Arbeiter erhöhten ihr Einkommen, für das Unternehmen wuchs die Zahl der pro Tag verladenen Paletten. Die Produktivität der Anlage war hoch. Deshalb wurde die Praxis brauchbarer Illegalität über Jahrzehnte vom Management geduldet.

Unter solchen Bedingungen hätten Investitionen in moderne Maschinen und effizientere Anlagen weniger die Produktivität als das Einkommen und die Freizeitkonten der Schicht-Belegschaften erhöht. Sie hätten dank besserer Technik ihre Soll-Menge zügiger abarbeiten, also mehr Doppelschichten machen können. Für das Unternehmen dagegen hätte sich die Investition in moderne Anlagen kaum rentiert. Also unterblieben entsprechende Investitionen in die Modernisierung. Damit verfestigte sich die Abhängigkeit des Unternehmens von dem verdeckten Akkordsystem und der brauchbaren Illegalität.

Die starken Einkommensanreize des illegalen Akkordsystems sorgten dafür, dass die Arbeiter Sicherheitsvorschriften ignorierten, um möglichst schnell möglichst viele Paletten umzuschlagen. Der Verschleiß der Maschinen war hoch, weil die Anlagen auf hohe Auslastung gefahren und auf Wartung weitgehend verzichtet wurde. Mitarbeiter, die sich dieser Praxis entzogen, wurden von ihren Kollegen hart sanktioniert. Wer sich an die Vorschriften hielt, etwa an Geschwindigkeitsbegrenzungen, machte sich unbeliebt und musste mit deutlichen Reaktionen rechnen, zum Beispiel in Form zerstochener Autoreifen an seinem Privatfahrzeug. Die Informalität hatte sich erfolgreich von der Formalstruktur emanzipiert und setzte sich im Zweifel gegen sie durch.

Die Einführung einer neuen Arbeitsorganisation sollte die chaotische Situation beherrschbarer machen. Die Formalstruktur wollte die Kontrolle zurückerobern. Für die Schichtmannschaften hätte das eine Verdichtung der Arbeit, das Ende des illegalen Akkordsystems und geringeres Einkommen bedeutet. Sie antworteten mit sehr konsequentem Dienst nach Vorschrift. Das ist nicht ohne Ironie: Die Arbeiterinnen und Arbeiter führten die stärkere Formalisierung ad absurdum, indem sie die formalen Regeln übergenau und ohne jeden Informalitätspuffer befolgten. Sie hielten Geschwindigkeitslimits nicht nur ein, sondern ließen Fahrzeuge und Transportbänder so langsam fahren, dass die Abläufe fast zum Erliegen kamen. Die Paletten wurden sehr ordentlich in Reihen und rechten Winkeln gestapelt, was vor allem sehr viel Zeit kostete. Die Vorschrift, die Maschinen regelmäßig zu warten, beantworteten die Arbeiter mit exzessiver Beschäftigung des Reparaturservices: »Die Maschine macht so ein seltsames Geräusch, ich glaube, da stimmt was nicht.« Sehr schnell war der Wartungsdienst überfordert, die Anlagen standen still. In einer Konflikteskalation wurden teure Maschinen mit Absicht schwer beschädigt. Die Arbeiter verteidigten die Informalität energisch gegen Zugriffsversuche des Managements. Die Mitteilung an die Unternehmensspitze war unausgesprochen, aber unmissverständlich: Wir arbeiten hier zu unseren Konditionen oder gar nicht. Wenn wir uns an eure Regeln halten, kollabiert der Betrieb. Am besten, ihr stört uns nicht weiter.

Erst ignorieren, dann durchregieren – das funktioniert nicht

Auch andere Versuche des Managements, die Regeln der Formalstruktur durchzusetzen, scheiterten. Das illegale Akkordsystem der Doppelschichten war kaum zu übersehen und allen bekannt. Es konnte aber nicht offen diskutiert und korrigiert werden, da die formal Verantwortlichen damit ihre jahrelange Duldung der illegalen Praxis gezeigt hätten. Das machte Verhandlungen mit Belegschaftsvertreterinnen unmöglich. Die Verladestation war nicht trotz, sondern wegen der brauchbaren Illegalität relativ produktiv. Die Eigenmotivation der Arbeiterinnen und Arbeiter, in kurzer Zeit möglichst viel Umschlag zu machen, sorgte dafür, dass sie kleine und größere Betriebsstörungen mit Improvisation umgingen. Wenn die Funkgeräte mal wieder nicht funktionierten, griffen sie einfach auf ihre privaten Handys zurück. Versuche, auf stärkere Formalisierung umzustellen, scheiterten nicht nur am Widerstand der Belegschaft, sondern auch daran, dass die technischen Anlagen veraltet und die Organisation ineffizient war. Nur durch das illegale Akkordsystem ließ sich der Betrieb kostendeckend aufrechterhalten.

Die robuste Praxis brauchbarer Illegalität, die mit gewissem Stolz versehene Selbstorganisation der Schichtarbeiter hatte sich von der Formalstruktur abgekoppelt. Das hatte eine interessante Entsprechung in der Spitze der Organisation. Wir haben das Unternehmen im Rahmen eines Forschungsprojekts untersucht. Dafür benötigten wir Unterlagen zu internen Prozess-Restrukturierungen. Kein Problem, auf unsere Bitte wurden sie uns zügig zugestellt. Die Aktenordner waren gefüllt mit säuberlich abgehefteten, ausklappbaren Charts und vielen Seiten Papier. Die Blätter waren komplett leer. Es handelte sich offenkundig um die Originalaktenordner, die wir bei unseren Gesprächen in den Regalen im Büro der Geschäftsführerin gesehen hatten. Die Geschäftsführerin wollte nichts vor uns verbergen. Sie hatte uns selbst eingeladen, das Unternehmen zu untersuchen und stellte uns alle Unterlagen bereitwillig zur Verfügung. Sie hatte sich nur nie für den Inhalt dieser Aktenordner interessiert. Ihr eigener Apparat hatte ihr gegenüber erfolgreich Prozesskontrolle und Steuerungskompetenz simuliert. In Wirklichkeit hatten weder die Geschäftsführung noch der Vorstand noch das Mittelmanagement genauere Kenntnisse über die Arbeitsabläufe auf der Verladestation. Erst recht waren sie nicht in der Lage, sie zu steuern.

Der Aufwand, der für die Simulation von Kontrolle, Steuerung und Führung getrieben wurde, war beachtlich. Für jede Schicht mussten beispielsweise zahlreiche Excel-Tabellen über die verladenen Paletten ausgefüllt werden. Das war zeitraubend, blockierte die Abfertigung und verzögerte die Schichtübergaben. Seit Jahren hatte niemand diese Excel-Tabellen benötigt, überprüft oder auch nur angesehen. Diese Realtheateraufführung der Steuerungssimula-

»Wir haben das Unternehmen im Rahmen eines Forschungsprojekts untersucht. Dafür benötigten wir Unterlagen zu internen Prozess-Restrukturierungen. Kein Problem, auf unsere Bitte wurden sie uns zügig zugestellt. Die Aktenordner waren gefüllt mit säuberlich abgehefteten, ausklappbaren Charts und vielen Seiten Papier. Die Blätter waren komplett leer.«

tion ist nicht nur irrational. Der Anschein von Prozesskontrolle hat seine Funktion im internen Kräftegleichgewicht. Und sei es nur die Funktion, Anteilseigner und Geschäftsführung zu beruhigen und externen Beobachtern eine akzeptable Schauseite der Organisation zu präsentieren.

Das Entkoppeln von Management und Arbeit in der Anlage könnte man als friedliche Koexistenz bezeichnen: Man stört einander nicht weiter. Der Preis der fehlenden Steuerung sind die Unbeweglichkeit und Innovations-Resistenz des Unternehmens. Solange keine Konkurrenz mit höherer Effizienz, modernen Anlagen, guter IT und funktionierender Organisation dem Unternehmen größere Marktanteile abnimmt, kann der Betrieb mit der Anarcho-Informalität sogar noch einige Jahre funktionieren. Die Belegschaft sorgt mit brauchbarer Illegalität für ein höheres Einkommen, aber auch für einen trotz veralteter Anlagen, kaum vorhandener Steuerung, mangelhafter Kommunikationswege und schlechter Organisation hochtourig laufenden Betrieb. Das Management tut so, als könnte es den Betrieb steuern.

Der Versuch, die Formalstruktur und ihre Regeln gegen die robust verteidigte Informalität durchzusetzen, hätte unabsehbare Folgen. Das zeigte sich bei einem der Versuche, die Praxis brauchbarer Illegalität mit der Umstellung von Zweckprogramm auf Konditionalprogramm zu unterbinden. Zweckprogramm bedeutet: Pro Schicht muss eine bestimmte Anzahl Paletten verladen werden. Wie und in welcher Zeit die Arbeiter das leisten, ist ihre Angelegenheit. Hauptsache der Zweck, das Verladevolumen pro Schicht, wird erreicht. Erst dadurch war das illegale Akkordsystem möglich geworden. Konditionalprogramm bedeutet: Handeln nach Anweisung und Bezahlung nach Arbeitszeit, unabhängig von der Anzahl der verladenen Paletten. Die Folge, wenig überraschend: ein massiver Einbruch der Produktivität (und vermutlich noch mehr Aktenordner).

Da radikale Maßnahmen am Widerstand der Mitarbeitenden abprallen, hat das Management die schwere Aufgabe, die Kontrolle über die Situation in kleinen Schritten zurückzugewinnen. Das benötigt ein andauerndes, kleinteiliges Ausverhandeln pragmatischer Lösungen, die Schritt für Schritt erarbeitet und formalisiert werden müssen. So wurden zum Beispiel Vereinbarungen darüber getroffen, wie die von den Schichtmannschaften bisher im Interesse der hohen Produktivität durchgearbeiteten Pausen, einzuhalten sind. Gutes Organisieren braucht Feinarbeit, notfalls in Permanenz.

Nichts geht mehr: Wenn die Blockade zum Dauerzustand wird

Von diesem Extrem-Beispiel brauchbarer Illegalität und sorgsam gepflegter Steuerungsfiktion lässt sich viel lernen, nicht nur über die gegenseitige Abhängigkeit von Formalität und Informalität. Brauchbar illegale Praxis entsteht nicht einfach so oder als Folge der kriminellen Energie der Beteiligten. Sie ist die Reaktion auf von der Formalstruktur verursachte Probleme und auf von ihr geschaffene Anreize. An diesem Beispiel lässt sich auch der Zusammenhang zwischen Innovation und Führung beobachten. Innovation muss in der Regel gegen die Beharrungskräfte, die vor allem in der Informalität wirken, durchgesetzt werden. Das ist in einer Organisation, in der die informale Selbststeuerung die Führung übernommen hat, kaum möglich. Der proletarische Stolz der Verladearbeiter samt der Klassenkampf-Frontstellung wirkt wie ein Traditionsrest. Das liefert Selbstbewusstsein und ein kollektives Identifikationsangebot, verhindert aber zugleich die hilfreiche Trennung von Person und Funktion. Die Selbstheroisierung der harten, körperlichen Arbeit mag die Leistungsfähigkeit steigern, sorgt aber auch für Raubbau auf Kosten der eigenen Gesundheit. Vor diesem Hintergrund können Konflikte etwa zwischen Formalstruktur und Informalität, Management und Belegschaft (oder auch in marxistischer Terminologie: zwischen Kapital und Arbeit) zügig eskalieren. Mit der Bereitschaft zur Konflikteskalation lässt sich die Informalität gegen die Durchgriffsversuche des Managements einige Zeit verteidigen, allerdings nur um den Preis blockierter Innovationen, ausbleibender, da nicht rentabler Investitionen und schrumpfender Wettbewerbsfähigkeit des Unternehmens. Ist es nicht mehr konkurrenzfähig, hat sich die kampferprobte Belegschaft erfolgreich zu Tode gesiegt.

Praktiken der brauchbaren Illegalität können Organisationsdefizite kompensieren und mit Manövern am Rande oder jenseits des Regelbruchs die Produktivität und Motivation der Mitglieder sichern. Gibt man ihr allerdings unkontrolliert Raum und lässt ihre Verstetigung zu, beraubt die Organisation sich der Fähigkeit, sich zu modernisieren, Arbeitsabläufe zu kontrollieren und Veränderungen zu steuern.

ELEMENTARE VERHALTENSWEISEN

WIE IN DER GESELLSCHAFT GELÄUFIGES VERHALTEN IN DIE ORGANISATION SCHWAPPT

Der Umgang mit Regeln ist für Menschen, die einer Organisation beitreten, nichts Neues. Verhaltenserwartungen gelten auch in der Familie, im Freundeskreis oder bei beiläufigen Kontakten auf dem Spielplatz, in der Fußgängerzone oder im Club. Die direkte, zwischenmenschliche Begegnung kommt ohne Formalität aus, ist aber nicht regellos. Nach und nach entwickelt man eine Orientierung für das in den jeweiligen Situationen sozial erwünschte und unerwünschte Verhalten. Man weiß, was von einem erwartet wird. Umgekehrt bildet man selbst Verhaltenserwartungen gegenüber den anderen in der Familie oder im Supermarkt aus.

Was in solchen persönlichen Begegnungen geschieht, nennt Luhmann »elementare Verhaltensweisen«. Darunter versteht er »Typen und Ordnungen eines Verhaltens, das in direktem Kontakt unter Anwesenden unmittelbar befriedigt«. Befriedigt werden Bedürfnisse, »die allgemeine Bedeutung haben und tief verwurzelt sind«. Dazu zählt Luhmann etwa persönliche Achtung, Höflichkeit, Takt, Entlastung durch Scherze, das Bedürfnis, bei Problemen zu helfen und sich für Hilfe zu bedanken. Das geschieht »in

Nahkontakten eines übersehbaren Personenkreises unmittelbar (...), ohne Spannungen durch Vertagung, Umwegmotivation und Triebverzichte zu erzeugen« (Luhmann, 1964, 333). Die formalen Regeln einer Organisation werden dafür nicht benötigt, im Gegenteil: Gerade weil sie dafür nicht zur Verfügung stehen, werden elementare Verhaltensweisen auch in Organisationen notwendig.

Dank elementarer Verhaltensweisen können wir mit Unbekannten umgehen und scheinbar banale, aber eigentlich recht komplexe Situationen (Schlangestehen, unsinnige Wortbeiträge ertragen, zusammengedrängt Bahn fahren, Rücksicht nehmen) halbwegs friedlich und routiniert bewältigen. In Organisationen erscheinen sie dagegen auf den ersten Blick unnötig, als etwas primitive Überreste des chaotischen sozialen Durcheinanders außerhalb der Organisation. In der Organisation scheint die formale Ordnung diese diffusen, dazu noch in vielen kulturellen und persönlichen Färbungen schillernden Erwartungen elementarer Verhaltensweisen durch ein stabiles, unmissverständliches, transparentes Regelwerk zu ersetzen. Wenn man Arbeit mit Geld bezahlt, muss man nicht Dankbarkeit zeigen oder damit rechnen, dem anderen im Gegenzug einen Gefallen zu schulden. Takt und Höflichkeit gehen scheinbar in Hierarchie, formaler Rolle und Routineabläufen auf.

Organisationen verwenden einigen Aufwand darauf, die Formalstruktur als primäre Ordnung zu etablieren. Sie nutzen eigens geschaffene Programme, um neuen Mitgliedern das in der Organisation erwünschte Verhalten beizubringen. Die vertrauten elementaren Verhaltensweisen sollen für die Zeit in der Organisation überschrieben und außer Kraft gesetzt werden. In Organisationen mit besonders zeitkritischen Aufgaben kommt diesen Programmen erhöhte Bedeutung zu: Hier kann das Ablegen elementarer Verhaltensweisen überlebenswichtig sein. Das gilt etwa für militärische Einheiten, Polizeikräfte oder Rettungsmannschaften. Die Erwartung, dass ihre Mitglieder in jeder Situation Höflichkeit und Rücksichtnahme wahren, wäre albern und weltfremd.

Jedoch: Ebenso wie die Organisation die Informalität zwar nicht anerkennen kann, aber als Puffer benötigt, kann sie auch die elementaren Verhaltensweisen weder formalisieren noch jederzeit auf sie verzichten. Auch in den unmittelbaren zwischenmenschlichen Begegnungen, der direkten Interaktion, können die formalen Regeln der Organisation nicht alles regeln, jedenfalls nicht gut. Sie sind oft widersprüchlich, lückenhaft, nicht jeder Situation angemessen. Sie lassen wenig Raum für Ausnahmen, menschliche Anteilnahme, Takt oder Rücksicht, für gegenseitiges Vertrauen als Handlungsgrundlage oder dafür, Kolleginnen und Kollegen jenseits der eigenen Pflichten zu helfen. Die allen Beteiligten wohlvertrauten elementaren Verhaltensweisen stellen ihnen Möglichkeiten zur Verfügung, mit der Situation klug umzugehen.

Wenn ein Organisationsmitglied von der Orientierung an der Formalstruktur auf elementare Verhaltensweisen umstellt, handelt es in der Interaktion für einen Augenblick nicht als Mitglied, sondern als Mensch. Die lebenslang geübte Praxis elementaren Verhaltens gleicht aus, was von der formalen Rolle nicht abgedeckt werden kann. Man zeigt einander mit kleinen Gesten der Anerkennung, des Takts oder der Empathie, dass man sich gegenseitig in dieser Situation als Mensch und nicht ausschließlich im Funktionskontakt der formalen Rollen begegnet. Für einen Moment unterlaufen elementare Verhaltensweisen die Formalstruktur der Organisation. Ein Beispiel: Es wäre möglich, einen Befehl oder eine Anordnung auszusprechen, stattdessen wird die Anordnung aber als Bitte oder Frage formuliert. Statt die Hierarchie zu betonen und Untergebene an ihre rangniedrige Stellung zu erinnern, kommt Takt zum Einsatz. Ein anderes, relativ häufig zu beobachtendes Beispiel: Man bedankt sich bei einem Organisationsmitglied für eine erbrachte Leistung, auch wenn die Leistung zu dessen formalen Pflichten gehört, mit dem Gehalt abgegolten ist und darüber hinaus gehende Gegenleistungen formal nicht notwendig sind. Das Dankeschön ist eine zwischenmenschliche Geste des Respekts gegenüber der Person. Andere elementare Verhaltensweisen sind Hilfe und Tausch, etwa wenn die formale Aufgabenteilung den kurzfristigen Zugriff auf die Dienste eines Kollegen eigentlich nicht erlaubt, man einander bei Bedarf aber trotzdem gegenseitig hilft. Die Informalität des guten, alten »Eine Hand wäscht die andere«-Prinzips hält den Laden am Laufen (selbst wenn der Laden formal schlecht organisiert ist). Das kann wie im oben erwähnten Fall der Teamleitung, die ihren Leuten nach dem erfolgreichen Abschluss eines Projekts einen freien Tag schenkt, bis zur brauchbaren Illegalität und dem offenen Bruch mit den formalen Regeln der Organisation gehen. So werden formale Regeln zum »bargaining chip« (Gouldner 1954) von Vorgesetzten.

Allerdings ist das Ausweichen auf elementare Verhaltensweisen mit Risiken verbunden. Wo Regeln Klarheit schaffen, liefern die von Person zu Person und von Situation zu Situation variablen Auslegungen dessen, was nun taktvoll, achtungswürdig oder fair ist, höchstens einen vagen Erwartungskorridor. Und natürlich kann man den Einsatz elementarer Verhaltensweisen nicht anordnen oder definieren, unter welchen Voraussetzungen sie bis zu welchen Grenzen zulässig sind. Damit würde die Organisation das Paradox versuchen, das Nicht-Formalisierbare, nämlich das Gespür für die besondere Ausnahme, zu formalisieren. Elementare Verhaltensweisen lassen sich nicht in die Formalstruktur und die Zweckrationalität der Organisation einbauen. Sie entziehen sich der Kontrolle der Organisation und können auch rein persönlichen Motiven dienen. Die egoistischen Interessen müssen mit denen der Organisation nicht identisch sein, sie können ihr oder anderen Mitgliedern schaden – sei es als persönliche Bereicherung, sei es auch nur als Wunsch, einen entspannten Nachmittag zu haben, an dem man es mit der Arbeit nicht so ernst nimmt und die Zeit lieber für den gemütlichen Plausch nutzt.

Die Ambivalenz elementarer Verhaltensweisen in der Organisation zeigt sich am Beispiel der Achtung. Luhmann verweist darauf, »welche Spannungen entstehen müssen, wenn ein Sozialsystem so angelegt ist, dass sich die täglichen Umgangsformen nicht als Träger des Ausdrucks persönlicher Achtung eignen, sondern diese Funktion verkümmert« (Luhmann 1964, 347). Persönliche Gesten der Achtung können dazu beitragen, solche Spannungen abzubauen und Defizite der Organisation zu kompensieren: »Mein Job ist Mist, der Chef ist ein Idiot, aber die Kollegen sind super.« Das gilt allerdings auch umgekehrt. Persönliche Gesten der Missachtung unter Kolleginnen und Kollegen erfreuen sich unter dem Schlagwort »Mobbing« einer gewissen Prominenz.

Wir haben in Beratungs- und Forschungsprojekten unterschiedliche elementare Verhaltensweisen erlebt. Mal waren sie nützlich für die Organisation, mal dienten sie vorrangig sozialen Bedürfnissen – und manchmal wurden sie zum Problem für die Beteiligten wie für die Organisation. Wir betrachten im Folgenden drei Beispiele ihres vielfältigen Einsatzes.

Cliquenbildung mit gegrillter Pferdewurst: Persönlich bekannt werden

Wir konnten in erstaunlich vielen Industrie-, Handwerks- und Logistik-Unternehmen fasziniert eine offenbar beharrlich gepflegte Tradition beobachten: An regelmäßigen Terminen, oft einmal wöchentlich oder monatlich, wird gemeinsam gegrillt. Am besten direkt in oder vor der Werkhalle, gern auch in der Arbeitszeit, nicht ganz regelkonform, aber entspannt. Vielleicht ist es Zufall, aber auffällig war, dass dabei meist Pferdewurst auf den Grill kam – möglicherweise ein Traditionsrest aus Zeiten der frühen Industrialisierung, als Arbeitspferde in den Fabriken schwere Gewichte ziehen mussten. Ihre Lebenserwartung war bei der harten Arbeit nicht allzu hoch. Vielleicht dient die Fleischwahl auch der Abgrenzung und die Tatsache, dass Pferdewurst und nicht etwa Tofu, Forelle oder Gemüse auf den Grill kommt, signalisiert Klassenbewusstsein. Die Arbeiter am Grill nutzen, ganz im Sinne des französischen Soziologen Pierre Bourdieu und der von ihm beschriebenen »feinen Unterschiede« (Bourdieu, 1987), die Wurstvorliebe zur Demonstation von proletarischem Stolz. Grenzen sich Bourdieus Wein trinkende, kultiviert speisende Groß- und Kleinbürger mit verfeinerten Tischsitten gegen andere Schichten ab, drehen die Arbeiter mit Bier und im Fettgeruch der Pferdewurst das Distinktionsspiel um. Die

Vermutung, dass die Arbeiter mit den Pferdewürsten symbolisch das Lieblingstier und statusadäquate Hobby der Töchter ihrer Chefs verspeisen, geht möglicherweise ein wenig zu weit.

Das Grill-Vergnügen in der Werkhalle demonstriert und bestärkt Kollegialität: Hier sind wir unter uns, wir verstehen uns, prost! Das sind kleine symbolische Unabhängigkeitserklärungen gegenüber der Formalstruktur der Organisation. Am Grill steht man nicht, weil man muss, sondern weil man will. Nicht ihre Chefs, sondern allein die Beteiligten entscheiden, wer dabei sein darf. Neue Kollegen, die zum ersten Mal mitgrillen dürfen, wissen, dass sie von den anderen akzeptiert sind. Auch wer privat Tofu vorzieht, wird in die Wurst beißen, wenn er dazugehören und das ihm entgegengebrachte Vertrauen nicht enttäuschen will. Und weil das alles nicht unbedingt regelkonform ist, ist die Einladung zur Pferdewurst ein kleiner Vertrauensbeweis: Du wirst uns schon nicht verpfeifen. Soziologen sprechen in solchen Fällen von einem In-group Identity Marker (vgl.: Brown/ Levinson (1987).

Solche Rituale geben den Beteiligten eine gemeinsame Geschichte und sorgen für vertrauten Umgang jenseits der dienstlichen Verpflichtungen. Auch wenn erst die Zugehörigkeit zur Organisation die Voraussetzung dafür schafft, dass man zusammen am Grill steht, stellt man so gemeinsam eine Abgrenzung zum formalen Kontext her: Wir grillen hier zum Vergnügen, nicht zur Steigerung der Produktivität (auch wenn das ein Nebeneffekt sein kann). Was so entsteht, sind Cliquen einander besonders und eben nicht nur dienstlich verbundener Kolleginnen und Kollegen. Das ist etwas anderes als reine Kollegialität (auch wenn der Grillabend am nächsten Tag das kollegiale Miteinander abfedern und stützen kann). »Während Kollegialität eine Beziehung zu jedermann in gleicher Situation bezeichnet«, beruhen Cliquen »auf Vorzugseinstellungen und führen dazu, dass Mitglieder einer Organisation sich mit bestimmten Verhaltensweisen eher an Angehörige ihrer Clique als an andere Personen wenden« (Luhmann 1964, 324). Luhmann sieht Cliquen funktional und unterscheidet zwei Grundtypen: Mitglieder strategischer Cliquen helfen einander innerhalb der Organisation (und bei Bedarf auch gegen deren Regeln), zum Beispiel indem sie sich mit Informationen vesorgen oder einander gegenseitig bei der Karriere unterstützen. Entlastungscliquen dienen der gemeinsamen Frustrations-Abfuhr, der gegenseitigen Bestätigung und der Selbstachtung – gerade wenn diese in der und durch die Organisation leidet. Möglicherweise ist das in der Funktionalität, die Luhmann Cliquen unterstellt, eine Verengung. Es kann ja auch einfach Spaß machen, den Feierabend mit Wurst und Bier zu beginnen – auch ohne unter der Organisation zu leiden oder in ihr zu intrigieren.

Wer sich auf die Grill-Situation einlässt, verlässt die Mitgliedsrolle, nimmt als Person an ihr teil und die anderen als Personen wahr. Es ist ein völlig anderer Vorgang, wenn die HR-Abteilung betont locker und zwanglos zum Austausch mit freiem Catering einlädt. Die Formalität kann keine Informalität und erst recht keinen vertrauensbildenden persönlichen Umgang zu einer bestimmten Uhrzeit anordnen. Auch kollegiale Beziehungen, die zu Freundschaften werden, können der Organisation nützen – aber auch diese Freundschaften kann sie nicht initiieren. Alles, was die Organisation anfasst, wird zu Formalität.

»Am Grill steht man nicht, weil
man muss, sondern weil man will.
Nicht ihre Chefs, sondern allein
die Beteiligten entscheiden,
wer dabei sein darf. Neue Kollegen,
die zum ersten Mal mitgrillen dürfen,
wissen, dass sie von den anderen
akzeptiert sind.«

Überstunden dank Streuselkuchen: Achtung erweisen

Nicht alle elementaren Verhaltensweisen müssen mit den Regeln der Organisation brechen. Sie können sich auch in Handlungen ausdrücken, die legal, aber in einer Organisation formal nicht vorgesehen sind. Zum Beispiel wenn Vorgesetzte auf einer persönlichen Ebene und jenseits der üblichen Gegenleistungen der Organisation (Bezahlung, Aufstiegschancen, Gratifikationen) für erbrachte Leistungen Achtung und Dankbarkeit erweisen.

Rein formal wird die Honorierung von Leistung durch die Mitgliedschaftsbestimmungen geregelt, auch freiwillige Zusatzleistungen sind in ihnen formalisiert. Das muss zur nötigen Leistungsmotivation genügen. Tut es aber nicht immer. Manchmal muss die Organisation mehr Gegenleistung zeigen und Möglichkeiten finden, sich vor den eigenen Mitgliedern extra tief zu verbeugen, vor allem dann, wenn die erbrachte Leistung nicht aufgrund formaler Erwartungen einforderbar ist. Bei einem Industrieunternehmen, das wir untersucht haben, bestand diese Geste aus: Streuselkuchen.

Ein Vorstandsmitglied eines Herstellers von Antrieben für Frachtschiffe hat großes Interesse daran, dass die fertigen Teile innerhalb einer bestimmten Frist ausgeliefert werden. Dafür muss die Belegschaft in der Fertigung immer mal wieder Überstunden machen. Der Betriebsrat sowie jede und jeder einzelne Beschäftigte können die Überstunden ablehnen. Das Unternehmen ist auf deren guten Willen angewiesen. Die Überstundenzuschläge und der sichere Arbeitsplatz allein können diesen guten Willen nicht garantieren.

Die Lösung klingt im ersten Moment verrückt: Das Vorstandsmitglied fährt immer wieder am Freitag von der Unternehmenszentrale zum mehr als 100 Kilometer entfernten Standort der Fertigung, den Kofferraum des Kombis voll großer Bleche mit Streuselkuchen. Den Kuchen verteilt das Vorstandsmitglied an die Belegschaft und macht deutlich, wie sehr es und der ganze Vorstand deren Arbeit schätzen. Das ist nichts anderes als eine wenig verdeckte, durchsichtige, aber respektvolle Bitte um weitere Überstunden. Gleichzeitig zeigt der Streuselkuchen an, dass Organisation und Vorstand sich weiter an ihre eigenen Regeln gebunden sehen: Die Überstunden sind eine Ausnahme, um die der Vorstand die Kollegen in der Fertigung bittet und für die er sich ausdrücklich als Ausnahme bedankt – und keine sich durch Wiederholung verfestigende Selbstverständlichkeit. So demonstriert die Dankbarkeits-Geste, dass der Vorstand die Rechte der Beschäftigten respektiert und nicht mit einer schleichenden Anspruchsinflation untergraben will.

Wieso funktioniert das? Dass es Kuchen gibt, ist nett, aber nicht mehr. Mit einem Stück Kuchen, das man bei jedem Bäcker für zwei Euro kaufen kann, lässt sich kein Betriebsrat und keine unwillige Arbeiterin umstimmen. Entscheidend ist die Geste. Statt den Kuchen einfach vom lokalen Bäcker liefern zu lassen, opfert das viel beschäftigte Vorstandsmitglied einen halben Arbeitstag und nimmt eine lange Anfahrt in Kauf, um den Streuselkuchen persönlich zu bringen. Angesichts seiner Rolle mag das unsinnig wirken (hat ein Vorstandsmitglied nichts Besseres zu tun?), doch ist es gerade seine hierarchische Stellung, die der Geste ihre Kraft verleiht. Sie zeigt, dass der Chef die Grenzen der formalen Erwartungen anerkennt. Gerade weil der Akt der Formalstruktur und den üblichen Erwartungen zuwiderläuft, entfaltet er Wirkung. Die Geste sagt: Ich nehme die Grenzen der Regeln ernst, und deswegen weiß ich, dass ihr die Mehrleistung nicht als Organisationsmitglied erbracht habt, sondern als Person. Und ganz recht, deswegen bedanke ich mich auch als Person.

Damit ist die Geste hochfunktional (es geht nicht um eine zwischenmenschliche Beziehung, sondern um Überstunden), aber sie geht nicht in den Mitgliedsrollen auf. Man kann keinen Vorstand in seinem Vertrag zu solchen Gesten und einem Nebenjob als Streuselkuchenlieferant verpflichten. Erst recht kann man die Fertigungsmitarbeiterinnen nicht dazu verpflichten, im Gegenzug Überstunden zu leisten. Ernsthafte Konflikte zwischen Vorstand und Belegschaft lassen sich so ohnehin nicht ausräumen.

Die persönliche Respekt-Geste kann ihre Wirkung nur vor dem Hintergrund eines auch auf formaler Ebene fairen Umgangs mit der Belegschaft entfalten. Die gleiche Geste wäre angesichts von Werksschließungen, schlechten Arbeitsbedingungen oder Umstrukturierungen, die zulasten der Belegschaft gehen, nur zynisch. Elementare Verhaltensweisen und persönliche Gesten der Anerkennung können die in der Formalstruktur angemessen ausgedrückte Anerkennung nicht ersetzen. Sie können aber unter bestimmten Voraussetzungen und über einen gewissen Zeitraum entsprechende Defizite in der Formalstruktur kompensieren. Etwa wenn in einem kleineren Unternehmen einer krisengeschüttelten Branche längst überfällige Gehaltserhöhungen nicht möglich sind, die Geschäftsführerin das aber offen kommuniziert und im Alltagsgeschäft auf fairen Umgang und glaubwürdige Respekt-Gesten achtet.

Der Vorstand mit dem Kuchenblech verstößt nicht gegen die Formalstruktur, aber sein Verhalten fällt so deutlich aus dem formalen Rahmen, dass die Belegschaft es sich als Gruppe persönlich zurechnen kann. Dafür braucht man nicht immer Kuchen.

Andere Branche, anderes Beispiel: An der Berliner Volksbühne mussten die Werkstätten mehrere aufwendige Bühnenbilder für schnell aufeinander folgende Premieren bauen und dafür wiederholt sehr viele Überstunden leisten. Zumindest einem Teil der Theaterleitung war klar, dass damit nicht nur das Arbeitsrecht und die Geduld des Betriebsrats, sondern auch das Betriebsklima und die Motivation der Techniker stark strapaziert wurden. Am Samstag vor einer Premiere (eine Inszenierung von Hans Kresnik) stand plötzlich Matthias Lilienthal in der Theaterwerkstatt, der Chefdramaturg und stellvertretende Intendant des Theaters. Er fragte, was er tun könnte und hämmerte und schnitt eine Schicht lang Blechteile des Bühnenbilds in Form. Ob die handwerklichen Fähigkeiten des Dramaturgen eine große Hilfe waren, ist irrelevant. Doch die Geste ist deutlich: Ich weiß, dass ihr zu viel arbeiten müsst, das tut mir leid, ich versuche euch zu helfen, auch wenn das nicht mein Job ist und ich zwei linke Hände habe. Erzählt wurde die Geschichte Jahre später nicht vom damaligen Chefdramaturgen, sondern von den Werkstattmitarbeitern: Das war ihre Antwort auf die Frage, weshalb die Volksbühne für sie nicht irgendein Theater und ihre Arbeit nicht irgendein Job ist.

Nach Feierabend: Hilfe leisten

Einander zu helfen und sich für Hilfe zu bedanken sind elementare Verhaltensweisen. Ohne diese Fähigkeit ist kein Menschenleben möglich, jedenfalls kein gutes. Für Organisationen kann Hilfe unter ihren Mitgliedern dagegen zu einem echten Problem werden. Wer anderen jenseits der eigenen Organisationsrolle hilft, erfüllt damit nicht die ihm in der Arbeitsteilung zugewiesenen Aufgaben. Wer ausgedehnt informale Hilfe in Anspruch nimmt, erfüllt seine Organisationsrolle nicht. Stattdessen wird die persönliche Hilfsbereitschaft anderer Mitglieder in Anspruch genommen – und sei es in Form von Großzügigkeit und Verständnis der Vorgesetzten bei ungenügenden Leistungen. Selbst der Dank ist ein Störfaktor: Aus informaler Hilfe können Verpflichtungen zu Dankbarkeit und Gegenleistungen erwachsen, die ihrerseits wieder gegen die Organisationsrollen verstoßen. Beide, Hilfe und Dank, sind personen- und situationsabhängig, also nicht zuverlässig. Die Organisation sichert ihre Flexibilität deshalb ab, indem sie sich gegen Helfen und Danken immunisiert. Kein Mitglied sollte Hilfe und Dank benötigen oder gar einfordern, um seine Aufgaben zu erfüllen. Mitglieder »arbeiten nicht füreinander, sondern für einen Zweck, und jedes Mitglied kann davon ausgehen, dass die anderen sich diesen Zweck zu eigen machen und keine Dankeserwartungen hegen«, fasst Luhmann gewohnt nüchtern zusammen. Entsprechend ist das »Danke, Kollege!« in der Organisation eine Floskel, die nichts mit echter Dankbarkeit zu tun hat. »Das Sich-Bedanken wird zu einer äußerlichen Geste, mit der man ausdrückt, dass alles in Ordnung ist« (Luhmann 1964, 335).

Hilfe findet im Organisationsalltag natürlich trotzdem

statt, informal, pragmatisch und eher kleinteilig. In der Regel ist in der Kollegialitätserwartung relativ klar, wie viel an Hilfestellung und Hilfsbedarf akzeptiert ist, wo Ausnutzen anfängt, was nicht zur Gewohnheit werden darf und wann eine Schwelle von Dankesschuld erreicht ist, die mit mehr als Schokolade beantwortet werden sollte. Die Organisation fährt am besten, wenn sie sich aus diesen Verhandlungen heraushält und nur hin und wieder auf die Einhaltung der formalen Regeln der Arbeitsteilung pocht. Wenn das nicht genügt und sich der Bedarf an informaler Hilfsbereitschaft zu ihren Lasten verfestigt, muss die Organisation unangenehme Entscheidungen treffen, wie im folgenden Beispiel.

In einer nicht allzu großen Agentur – es gibt mehrere Hierarchiestufen, aber alle kennen sich noch mit Namen – herrschte normalerweise ein gute Betriebsklima. Das Verhältnis zwischen Hierarchie und Belegschaft ist fair und respektvoll, der kollegiale Umgang freundlich. Dennoch hat die Geschäftsführerin ein unschönes Problem mit einer Mitarbeiterin: »Sie ist seit elf Jahren im Unternehmen und beliebt in ihrer Abteilung, wir haben auch privat ein gutes Verhältnis. Ihr Aufgabenbereich erfordert ein hohes Verantwortungsbewusstsein. Allerdings ist sie seit längerer Zeit privat in einer schwierigen Situation, die sich auch auf ihre Arbeit auswirkt. Sie hält nicht alle Termine ein, regelmäßig müssen Kollegen ihre Aufgaben übernehmen. In ihrer Unsicherheit rettet sie sich phasenweise in einen aufgeregten Aktionismus. Öfter sorgen ihre Anfragen eher für Verwirrung, statt etwas zu klären. Aber in ihrer Position brauchen wir jemanden, auf den wir uns verlassen können. Ich würde ihr menschlich gern beistehen. Aber für das Unternehmen ist das kein tragbarer Zustand.«

Die Geschäftsführerin ist in einem Dilemma. Genau genommen sind es sogar zwei Dilemmata. Das erste betrifft die Organisation: Sanktioniert, versetzt, beurlaubt oder entlässt sie die Mitarbeiterin, sendet sie ein Signal der Härte und Empathielosigkeit an die Belegschaft. Das widerspricht ihrer persönlichen Haltung und der Firmenkultur. Doch Untätigkeit sendet ebenfalls ein Signal an die Belegschaft. Es ist die Botschaft, dass die formalen Verhaltenserwartungen zwar im Arbeitsvertrag stehen, aber nicht ernst gemeint sind und im Zweifel nicht durchgesetzt werden. Beide Signale sind fatal.

Das zweite Dilemma betrifft die Geschäftsführerin selbst und ihr persönliches Verhältnis zu der Mitarbeiterin. Sie kennt sie lange, hat Mitgefühl mit ihr und möchte sie nicht verletzen. Der erste Impuls in dieser Lage ist, die unangenehme Entscheidung aufzuschieben und zu hoffen, dass sich das Problem von selbst löst. Vielleicht braucht die Kollegin mit den privaten Nöten nur etwas mehr Zeit, damit sie sich wieder fängt und sich ihre Lebensumstände klären. Aber Geduld und Großzügigkeit haben Grenzen. Wenn die Geschäftsführerin den unguten Zustand zu lange hinnimmt, schadet das nicht nur dem Unternehmen, sondern auch der persönlichen Beziehung, die als Schutzfilter für unprofessionelles Verhalten missbraucht wird. Kurz: Ob sie das Fehlverhalten der Kollegin hinnimmt oder sanktioniert, die Geschäftsführerin handelt sich mit jeder Entscheidung sowohl in der Organisation wie im persönlichen Verhältnis ein Problem ein.

Die elementare soziale Erwartung, einander zu helfen, ist hier keine große Entscheidungshilfe, im Gegenteil. Sie erschwert die klare Sicht, die nichts mit fehlendem Mitgefühl zu tun hat. Die Geschäftsführerin muss im Verhältnis zu der Mitarbeiterin zwischen Person und Funktion, zwischen Mensch und Organisationsrolle trennen. Als Geschäftsführerin ist es ihre Aufgabe, die anderen Mitarbeiterinnen und Mitarbeiter vor Irritationen der Arbeitsteilung und Mehrbelastungen durch verfestigten Hilfsbedarf und dadurch erzwungene Aufgabenübernahmen zu schützen. Und sie muss die Verbindlichkeit der Formalstruktur sicherstellen, die erodiert, wenn formale Mitgliedschaftsbedingungen (Erfüllen des Arbeitsvertrags) nicht durchgesetzt werden. Die Agentur ist weder in der Lage noch dafür zuständig, die privaten Probleme der Mitarbeiterin zu bewältigen oder auch nur über einen längeren Zeitraum aufzufangen (oder zu verdecken). Sie kann nur versuchen, die formale Rolle der Mitarbeiterin an ihre Leistungsfähigkeit anzupassen oder ihr eine Auszeit zu ermöglichen. All das hat nichts mit dem persönlichen Verhältnis der Geschäftsführerin zu der Mitarbeiterin zu tun. Ob und wie sie ihr als Mensch helfen kann, muss sie jenseits ihrer Organisationsrolle entscheiden. Aber wenn sie den menschlichen Wunsch, einem anderen Menschen zu helfen, mit ihrer Organisationsrolle vermischt und damit an die Organisation delegiert (die dafür nicht zuständig ist), handelt sie weder menschlich noch als Geschäftsführerin klug und angemessen. Die Entscheidung zu verschleppen hilft weder der Organisation noch der Kollegin noch der persönlichen Beziehung.

Die Organisation ersetzt elementare Verhaltensweisen durch formale Regeln. Aber nicht alles lässt sich verregeln und anordnen. Takt, großzügige Hilfe, persönliche Achtung werden entwertet und zur entleerten Pflichterfüllung, wenn sie lediglich unter dem Zwang der Formalität erfolgen. Glaubwürdig und wirksam sind sie nur als vielleicht funktionale, aber freiwillige zwischenmenschliche Gesten. Jenseits und unterhalb der Formalität ziehen damit wieder elementare Verhaltensweisen in die Organisation ein. Oft geschieht das im Interesse der Organisation und ihrer Abläufe: Der Mensch wird von der Organisation wieder in Anschlag gebracht. In vielen Fällen ist das unproblematisch und sogar hilfreich. Es verweist jedoch zugleich darauf, dass Organisationen ihre Mitglieder jenseits ihrer formalen Pflichten in Anspruch nehmen.

STREITET EUCH!

WESHALB ES ANSTRENGEND, ABER NOTWENDIG IST, DIE WIDERSPRÜCHE DER ARBEITSTEILUNG AUSZUBALANCIEREN

Ab einer gewissen Größe wird ein Team zu einer Organisation. Organisationen benötigen Arbeitsteilung. Damit fangen ihre Probleme an. Denn Arbeitsteilung benötigt Integration. Die Schwierigkeiten, die dabei entstehen, und die Versuche, diese zu bearbeiten, wollen wir in diesem Kapitel betrachten.

Arbeitsteilung bedeutet nicht nur, dass nicht jede und jeder für alles zuständig ist, sondern vor allem, dass jede und jeder mit ihrer Aufgabe spezifische Zwecke verfolgt (und verfolgen muss). Der Vertrieb soll verkaufen, Forschung und Entwicklung forschen und entwickeln, die Fertigung fertigen, die Presseabteilung die Schauseite polieren und die Lohnbuchhaltung den Überblick über die Lohnzahlungen nicht verlieren. Die spezifischen Zwecke von Abteilung A sind weder mit den spezifischen Zwecken von Abteilung B noch mit den Zwecken der Gesamtorganisation identisch. Die verschiedenen handlungsleitenden Zwecke kreisen nicht in prästabilierter Harmonie friedlich umeinander, um wundersam im Zweck der Organisation aufzugehen (auch wenn das auf der Schauseite der Organisation gern behauptet wird). Die vielfältigen, miteinander zum Beispiel um Ressourcen oder um Einfluss auf die Gesamtorganisation konkurrierenden Zwecke erzeugen Widersprüche und Spannungen. (Weshalb das weder ein Grund zur Sorge ist noch zu blutig ausgetragenen Machtkämpfen führen muss, haben wir im Kapitel → Harmonie wird überschätzt beschrieben.)

Die Zweckwidersprüche in der Organisation rühren nicht nur aus der Arbeitsteilung her. Sie werden durch Arbeitsteilung lediglich auf mehrere Personen und ihre jeweiligen lokalen Rationalitäten verteilt und dadurch sichtbarer. Jede Organisation muss ihre Zweckwidersprüche bearbeiten: Welchen Anteil ihrer begrenzten Zeit-, Aufmerksamkeits- und Finanzressourcen soll die Gründerin mit welchen Prioritäten in Produktentwicklung, Kunden-Beziehungen, Investoren-Beziehungen, Lieferanten-Suche und Produktion investieren? Die daraus resultierenden Spannungen sind kein Unfall, sondern notwendig und unvermeidbar. Zum einen weil die Ressourcen begrenzt sind, zum Beispiel die Zeit der Gründerin. Zum anderen weil sich in den Spannungen der Zweckwidersprüche die unterschiedlichen Anforderungen der Systemumwelt an die Organisation in der Organisation abbilden.

Diese Zweckwidersprüche müssen irgendwie produktiv integriert werden. Die Organisation benötigt eine Institution, die die unterschiedlichen lokalen Rationalitäten und Abwägungen bündelt und über Konfliktfälle entscheidet. Die Alternative wäre, darauf zu vertrauen, dass sich die Vertreterinnen der lokalen Rationalitäten (zum Beispiel in Gestalt von Bereichsleiterinnen oder Abteilungsleitern) schon irgendwie im freien Spiel der Kräfte verständigen werden. Das wäre naiv und liefe darauf hinaus, die Organisation ihrer Selbstzerfleischung zu überlassen, indem sich füreinander blinde lokale Rationalitäten gegenseitig blockierten oder ihre Handlungen einander konterkarierten. Eine Lösung im Konsens wiederum würde nicht nur selbstlose Akteure voraussetzen – am besten in Gestalt treuer Habermas-Leser und Anhängerinnen der Diskursethik, die davon überzeugt sind, dass im egoismusfreien Austausch der Argumente die Vernunft zu ihrem Recht und die beste Lösung ans Tageslicht kommt. Das würde auch eine Organisation benötigen, der die Ressource Zeit unbegrenzt zur Verfügung steht und in der man so lange miteinander reden könnte, bis eine konsensfähige Einigung gefunden wäre. In der realen Welt muss man jedoch irgendwann handeln und Entscheidungen treffen – auch bei fehlendem Konsens.

Appelle, bitte immer ans große Ganze zu denken, sind verbreitet, aber nicht sehr hilfreich. Oft sind sie lediglich Signale der Hilflosigkeit. Organisationsmitglieder, die diese Appelle ernst nehmen und sich plötzlich fürs Allgemeine mit zuständig fühlen würden, wären keine Lösung, sondern ein Problem. Die Chemikerin aus der Produktentwicklung muss nicht nebenbei noch Pressemeldungen redigieren, der Werkskantine Rezeptvorschläge machen, dem Vertrieb für den brasilianischen Markt mit alten Kontakten aus ihrer Jugendzeit unter die Arme greifen oder die Strategie des Vorstands zur Kostensenkung mit ihren Ideen bereichern. Sie soll das machen, wofür sie eingestellt wurde und was sie hoffentlich beherrscht, nicht das, was ihr gerade im Dienst an der Gesamtorganisation einfällt. Wenn sie dafür Zeit hat, macht sie ihre Arbeit nicht, zumindest nicht gut. Die oft beklagten Silos der Arbeitsteilung sind keine Gefängnisse, die die Silo-Bewohner von der Gesamtorganisation entfremden. Im Gegenteil: Sie sind befreiend. Das schönste Geräusch im Silo ist das der ins Schloss fallenden Tür, die das Durcheinander der übrigen Organisation draußen hält. So geschützt, können sich die Spezialisten im Silo ungestört von anderen Zwecken der Aufgabe widmen, für die sie bezahlt werden.

Welche Möglichkeiten hat die Organisation, die lokalen Rationalitäten zu integrieren, wenn nicht im freien Spiel der Kräfte oder durch Appelle an den guten Willen, die Gesamtorganisation im Auge zu behalten?

Sie kann Zweckwidersprüche und Spannungen auf drei Weisen bearbeiten: mit einem Gremium, in dem alle Entscheidungen der Organisation zusammenlaufen – also mit einer Änderung der Kommunikationswege. Mit einer programmatischen Rahmenerzählung, die behauptet, dass die verschiedenen Ziele zueinander passen und einander ergänzen – also mit einem Schauseiten-Programm. Oder mit Akteuren, die die Widersprüche und Konflikte lösen oder wenigstens absorbieren können – also mit Personen. Wir werfen im Folgenden einen Blick auf jeden der drei Lösungsansätze.

Der schielende Vorstand: Bearbeitung der Widersprüche in Gremien

Die Widersprüche der Arbeitsteilung zu bearbeiten ist einer der Hauptzwecke der Organisationsspitze – egal ob sie Vorstand, Geschäftsführung, Vatikan oder Zentralkomitee heißt. Damit der Rest der Organisation weniger Komplexität auszuhalten hat, muss die Spitze die in den Zweckwidersprüchen der Arbeitsteilung angelegten Spannungen ertragen, integrieren und wieder und wieder bearbeiten. Harmoniestreben ist dabei nicht zielführend. Ein gut arbeitender Vorstand produziert von Entscheidung zu Entscheidung in den eigenen Reihen Gewinner und Verlierer. Diese Rollen sollten nicht an Personen gekoppelt, auf Dauer fixiert und unabhängig von der jeweils zu treffenden Entscheidung verfestigt werden. Damit würde man die Spannungen zwischen den konkurrierenden Zielen auflösen und damit nicht nur unfaire, sondern auch schlechter informierte und inadäquate Entscheidungen treffen. Das sollte man vermeiden und diese Konflikte stattdessen geradezu lustvoll und sportlich austragen. Das Spiel der Entscheidungsfindung in der Konfliktbearbeitung zielt nicht auf einen Schlusspunkt, an dem dann alle Zweckwidersprüche gelöst und befriedet wären. Es ist im Gegenteil auf Permanenz angelegt und setzt sich fort, solange es der Organisation gelingt, ihren eigenen Fortbestand zu sichern. Die Organisationsspitze, egal ob es sich um ein Gremium mehrerer Personen oder um eine einsame Geschäftsführerin handelt, muss all den konkurrierenden Zwecken gerecht werden und sie nach Möglichkeit im Blick behalten. Der Vorstand hat keine andere Wahl, als zu schielen. Er muss, während Bereichsleiterin A und Chefeinkäufer B noch auf ihn einreden, an die Forderungen des Vertriebs und die warnenden Mails der Finanzabteilung denken. Man muss sich schielende Vorstände als leicht multiple Persönlichkeiten vorstellen. Sie müssen versuchen, all den Ansprüchen, die völlig zu Recht an sie gerichtet werden, irgendwie gerecht zu werden.

Die verschiedenen Ansprüche und Lösungsansätze auszubalancieren und in die Organisation zu integrieren ist anstrengend. Um dieser Anstrengung auszuweichen, bieten sich zwei falsche Antworten an: entweder Zwang zur Harmonie oder einseitige Auflösung der Widersprüche zugunsten eines einzelnen Ziels. Der Zwang zur Harmonie behauptet: Alles ist eins, es gibt keine Zweckwidersprüche und Spannungen. Das ist illusionär. Die einseitige Auflösung der Widersprüche behauptet: Eins ist alles, ein Zweck kann alle anderen Zwecke dominieren. Das unterschätzt die Notwendigkeit der konkurrierenden Zwecke.

Harmonie-Fiktion: »One Company«

Der Zwang zur Harmonie kultiviert ein idyllisches Bild der Organisation, deren Mitglieder sich als selbstlose Glieder einer großen Organisations-Familie verstehen: »One Company«. Das bringt mit erstaunlichen Phänomenen wie Firmen-Hymnen gelegentlich eine eigenwillige Selbstdarstellungs-Folklore hervor, die nicht ohne unfreiwillige Komik ist. Die so adressierten Organisationsmitglieder arbeiten, zumindest im Idyll solcher Vorstellungen, stets aufopferungsvoll und reibungslos im Dienst der gemeinsamen Sache, im Namen des ausgerufenen Purpose oder wenigstens zum Wohl des Unternehmens und damit ihrer Arbeitsplätze zusammen. Diese Fiktion muss vieles ausblenden. Zum Beispiel die in allen Stellen der Organisation wirksame Orientierung an lokalen Rationalitäten: Der Vertrieb orientiert sich nun mal an den Zielen des Vertriebs – was durchaus zu Konflikten mit den Ansprüchen der Compliance-Beauftragten oder den Liefermöglichkeiten der Produktion führen kann. Grafikerinnen in der Entwicklung von Computerspielen wollen, dass ihre Figuren und Hintergrundszenarien großartig aussehen – auch wenn sie dafür mehr Arbeitszeit brauchen als im Budget vorgesehen ist. Theaterkritiker, die lustvoll missratene Inszenierungen niedermachen, haben in der Regel wenig Lust, auf die Anzeigenabteilung Rücksicht zu nehmen, die das betreffende Theater gern als Anzeigenkunden behalten würde. Solche Konflikte sind Organisationsalltag. Sie auszublenden, um die Vorstellung einer fiktiven Harmonie zu pflegen, produziert Wahrnehmungsblockaden. Die in der Organisation und ihrer Umwelt selbst begründeten Zweckwidersprüche werden auf diese Weise weder bearbeitet noch zur Selbstbeobachtung der Organisation genutzt. Sie werden lediglich unsichtbar gemacht und verlagert.

Wir haben in einem Unternehmen, das mit Online-Dienstleistungen groß geworden ist, einen Vorstand mit solchen Wahrnehmungsblockaden kennengelernt. Man hatte viele erfolgreiche Angebote entwickelt und sich zur schnellen Expansion entschieden. Das Unternehmen stellte mehr Personal ein und schuf neue Abteilungen, die zusätzliche Dienste entwickeln sollten. Die dem Vorstand vorgelegten Businesspläne versprachen viel Traffic, viele Kunden, große Umsätze – vorausgesetzt, der jeweilige neue Dienst bekäme genug Sichtbarkeit auf der Startseite des Unternehmens.

Und genau das war das Problem. Man hatte nun viele neue Angebote und begeisterte Projektverantwortliche, die überzeugt waren, der von ihrem Team entwickelte Dienst könnte das nächste große Ding oder wenigstens ein schöner Umsatzbringer werden – wenn nur ihr jeweiliges Angebot unübersehbar auf der Startseite des Unternehmens präsentiert würde. Um all diese Wünsche zu erfüllen, hätte das Unternehmen mindestens zehn stark frequentierte Startseiten benötigt. Es war völlig unrealistisch, alle neuen Produkte gleichermaßen prominent bekannt zu machen. Niemand hatte den begrenzten Platz auf der Startseite und die vielen optimistischen Businesspläne in ein Verhältnis zueinander gesetzt. Die lokalen Rationalitäten (jeder Projektleiter will möglichst große Sichtbarkeit für sein Produkt) konkurrierten um eine knappe Ressource (der verfügbare Platz auf der Startseite). Diese Spannung hätte offen benannt und ausgetragen werden müssen. Es wäre Aufgabe des Vorstands gewesen, über die Platzierung der neu entwickelten Produkte zu entscheiden. Der Vorstand aber verweigerte sich diesem Konflikt.

Das freie Spiel der Kräfte musste übernehmen, die unteren Ebenen der Hierarchie wurden in den organisationalen Nahkampf gezwungen. Die Projektverantwortlichen, die ihren Dienst bekannt machen wollten, konkurrierten um eine gute Platzierung und wurden zu Bittstellern beim Startseiten-Management. Die Organisation hatte den Managerinnen der Startseite keine Kriterien zur Verfügung gestellt, mit denen sie darüber hätten entscheiden können, welcher Dienst zu welchen Bedingungen über welchen Zeitraum wie viel Sichtbarkeit auf der Startseite bekommen sollte. Sie mussten nach Gefühl, Willkür und Zufall entscheiden. Zur Orientierung mussten freundschaftliche Verbindungen oder der Wunsch genügen, dem Druck besonders penetrant drängender Projektleiter auszuweichen. Wenn ein Dienst auf die Startseite gehoben wurde, wuchsen seine Umsätze und Erfolgsaussichten. Dienste ohne Startseiten-Präsenz verkümmerten in Unsichtbarkeit und Irrelevanz. Ob chancenreiche oder wenig attraktive Angebote prominent beworben wurden, blieb dem Zufall und dem Einsatz der Ellbogen überlassen. Am Ende ließ sich keiner der Businessplan-Träume realisieren. Mittlerweile ist das Unternehmen gescheitert und nicht mehr am Markt.

Statt die aus dem Überangebot neuer Dienste erwachsenden Spannungen zu ignorieren, wäre eine Konsolidierung des zu breiten Angebots notwendig gewesen. Eine Priorisierung hätte regeln müssen, für welche Angebote das Unternehmen das knappe Gut der Startseitenplatzierung verwenden will. Durch das deutliche Gefälle – es gibt nur Prominenz oder Unsichtbarkeit – bedeutet eine Priorisierung in der Konsequenz das Aus für die nicht unterstützten Dienste. Entscheidungen darüber wären anstrengend gewesen und nicht ohne Reibungen abgelaufen. Projektleiter hätten sich von ihren Projekten verabschieden müssen – das kann Egos kränken und Karrierehoffnungen platzen lassen. Der Wegfall von Aufgaben kann das Wegfallen von Arbeitsplätzen bedeuten. Der Vorstand hätte sich für Entlassungen, vielleicht auch für Fehlinvestitionen in die aufgegebenen Produkte rechtfertigen müssen. Alles keine erfreulichen Aufgaben. Der Vorstand zog es vor, sich ihnen nicht zu stellen.

Nach unserer Beobachtung war er auch deshalb nicht in der Lage, die unangenehmen, aber notwendigen Entscheidungen zu treffen, weil seine Mitglieder ihre guten persönlichen Beziehungen nicht durch Konflikte trüben lassen wollten. Sie wollten gute Freunde und Freundinnen bleiben. Sie verstanden nicht, dass sie im Vorstand harte Entscheidungen treffen und trotzdem privat befreundet bleiben können. Sie hätten dafür Person und Funktion, menschliche Nähe und Vorstandsrolle voneinander trennen müssen. Dazu waren sie nicht bereit und in der Lage. Selbst als wir im Rahmen der Beratung die Engpässe thematisierten, blieb die Orientierung auf Harmonie im Vorstand so dominant, dass das offenkundige Problem nicht bearbeitet wurde. Die Fiktion der spannungsfreien Organisation hatte die Spannung vom Vorstand in die informalen Untiefen der Organisation verschoben, wo sie nicht als Information genutzt, sondern eher willkürlich und rabiat ausgetragen wurde. Im Ergebnis führte die idyllische Vorstellung, alles sei eins, zum Ende des Unternehmens: Alles ist keins.

Eine interessante Variante der Harmonie-Fiktion konnten wir fasziniert in einem Telekommunikationsunternehmen besichtigen. Hier hatte sich der Vorstand vorgenommen, den Anspruch von Konfliktfreiheit, Vertrauen und »one company« der gesamten Organisation vorzuleben, indem er mit gutem Beispiel voranging und sich das Büro teilte. Die sieben Vorstandsmitglieder arbeiteten an einem gemeinsamen großen Tisch – die Arbeitsplatte als Lagerfeuer, um die sich die Häuptlinge Tag für Tag in gegenseitigem Respekt und Wohlwollen versammeln. Die Botschaft sollte sein: Wir sind ein Team. Wir arbeiten großartig zusammen. Wir brauchen keine Silos, einzelne Büros, Abgrenzungen, Geheimnisse, Konkurrenzen, Interessengegensätze, Hinterzimmer-Strategiegespräche, Spannungen. Also schafft ihr das auch. Das Gemeinschaftsbüro, von dem dieses Signal ausgehen sollte, war ein Bühnenbild für ein in Endlosschleifen aufgeführtes Theaterstück, das eine rundum harmonische Organisation propagieren sollte.

In der Praxis war die Situation nicht ganz so idyllisch. Das Gemeinschaftsbüro ändert möglicherweise Umgangsweisen, aber sicher nicht Zweckwidersprüche. Ein gemeinsamer Tisch bedeutet nicht, dass alle Interessen der Tischnachbarinnen jederzeit im Einklang sind. Da kann es lästig werden, wenn im geteilten Büro die anderen Anwesenden jedes Gespräch, jedes Telefonat, jeden vertraulichen Austausch von Hintergrundwissen, jede Strategieüberlegung mithören können. Erhält ein Vorstandsmitglied sensible Informationen, ist es nicht immer in seinem Interesse, wenn diese Informationen sofort allen anderen Vorstandsmitgliedern zugänglich sind. Erreichen Informationen den gesamten Vorstand, braucht jedes Vorstandsmitglied ausreichend Zeit, vielleicht auch weitere Informationen und Rücksprache mit Mitarbeiterinnen und Mitarbeitern, um den Sachverhalt für sich und den eigenen Bereich zu bewerten. Dazu kann gehören, zu entscheiden, ob es sinnvoll ist, mögliche Konflikte mit anderen Vorstandsmitgliedern taktvoll, offensiv oder vielleicht auch gar nicht auszutragen und sich auf entsprechende Auseinandersetzungen vorzubereiten. Ein Vorstandsmitglied, das sich in solch einer Situation mit engen Mitarbeitern und Beraterinnen besprechen will, was in diesem Unternehmen meistens am Telefon geschieht, hatte zwei Möglichkeiten: Entweder codiert zu sprechen, sodass die anwesenden Vorstandskollegen nicht bemerkten, um was es gerade ging. Oder den Raum zu verlassen, was aber als deutliches Signal dafür verstanden werden konnte, dass Informationen zurückgehalten wurden. Eine interessante Variante im Theater der Organisation, nicht ohne Absurdität: Die inszenierte räumliche Offenheit sorgte für verfeinerte Strategien der Diskretion und Geheimhaltung. Die Behauptung der harmonischen Kollegialität und idyllischen Gemeinschaft erzwang als Ausweichmanöver gesteigerte Raffinessen des Tricksens und Täuschens.

Mit dem gemeinsamen Arbeitsplatz hatte der Vorstand sich für das bewusste Ausblenden der realen und notwendigen Konflikte entschieden. Der Effekt war, dass die Vorstandsmitglieder es sich selbst erschwert hatten, ihre Konflikte offen und klar zu bearbeiten. Sie zwangen sich durch das räumliche Arrangement, so zu tun, als gäbe es keine Zweckwidersprüche zwischen ihren jeweiligen Bereichen, keine diskreten Absprachen, Strategie-Planspiele und vorbereitete Manöver. Sie kaschierten und übersahen dabei, dass es zu den Aufgaben eines Vorstandsmitglieds gehört, die lokalen Rationalitäten seines Bereichs gegenüber konkurrierenden lokalen Rationalitäten anderer Bereiche zu vertreten. Erst in der Auseinandersetzung zwischen diesen lokalen Rationalitäten der arbeitsteiligen Organisation findet ihre Integration im Vorstand statt: Ohne ausgetragenen Konflikt kein gemeinsames Handeln. Dafür braucht es nicht unbedingt einen Konsens, es genügt auch ein rationaler Dissens. Genau darin liegt die eigentliche Leistung und Aufgabe des Vorstands. Statt sich dieser Aufgabe offen zu stellen, inszenierte der Vorstand auf der Bühne des eigenen Arbeitsumfelds mit sich selbst als Vorbild-Darstellern zur Belehrung des Publikums eine etwas zynische Theateraufführung über die Harmonie der Zusammenarbeit im Unternehmen.

Dieser Entscheidung lag ein großes Missverständnis zugrunde, das uns in der Beratungs- und Forschungsarbeit erstaunlich häufig begegnet ist. Es ist die Vorstellung, als

»Eine interessante Variante im Theater der Organisation, nicht ohne Absurdität: Die inszenierte räumliche Offenheit sorgte für verfeinerte Strategien der Diskretion und Geheimhaltung. Die Behauptung der harmonischen Kollegialität und idyllischen Gemeinschaft erzwang als Ausweichmanöver gesteigerte Raffinessen des Tricksens und Täuschens.«

Team gut zusammenzuarbeiten bedeute, dass jede und jeder im Team immer gleicher Meinung sein und identische Interessen verfolgen müsse. Das ist ein Irrtum. Gut zusammenzuarbeiten bedeutet, die unterschiedlichen Meinungen und Interessen produktiv zu machen. Ein Vorstand muss nur im Rahmen von Sonntagsreden, Aktionärsversammlungen und anderen offiziellen Anlässen widerspruchsfreie Geschlossenheit heucheln. Das Publikum solcher Selbstdarstellungsrituale weiß, dass es sich lediglich um Veranstaltungen zur Pflege der Schauseite handelt. Deshalb ist es sogar unproblematisch, wenn sie als Harmoniedarstellung durchschaut werden. Die Darstellung genügt. Aber die eigentliche Arbeit der Vorstände besteht darin, sich zu streiten und die Spannungen der arbeitsteiligen Organisationen auszutragen. Geschieht das nicht, verschwinden die Spannungen nicht. Sie werden nicht rational und offen bearbeitet und genutzt, sondern behindern die Arbeit der Organisation.

Einer für alles: Zweckdominanz

Das umgekehrte Muster ist ähnlich verhängnisvoll: Ein Zweck dominiert alle anderen, eins ist alles. Auch dazu ein Beispiel aus unserer Beratungs- und Forschungspraxis.

Der neue Eigentümer hatte einen Callcenter-Betreiber mit konsequenter Kostensenkung saniert. In dieser Strategie durch die gelungene Sanierung bestärkt, wurde auch im weiteren Geschäftsverlauf dem Zweck, die Kosten zu senken, alles andere untergeordnet. Ein neuer Co-Vorstand erkannte, dass es für das Unternehmen notwendig war, sich unabhängiger von wenigen großen Kunden zu machen und eine breitere Produktpalette an Dienstleistungen anzubieten. Das kollidierte mit der eingeschliffenen, nicht mehr reflektierten, auch nicht mehr auf ihre Funktionalität überprüften und zum dominanten Zweck gewordenen Niedrigkosten-Strategie des Eigners. Der neue Vorstand scheiterte mit seinen Vorschlägen und verließ das Unternehmen. In der Folge musste sich das Unternehmen von seinen wenigen Großkunden zu immer kleineren Preisen für seine Dienste zwingen lassen. Es geriet mit der Abhängigkeit und seinem einzigen Wettbewerbsvorteil, den niedrigen Preisen, in eine Abwärtsspirale und wurde schließlich von einem Konzern gekauft. Beide Manager, der Eigner und sein gescheiterter Co-Vorstand, verfolgten richtige Strategien. Nur waren sie unfähig, die daraus resultierende Spannung produktiv auszutragen und zum Nutzen des Unternehmens klug auszubalancieren.

So wird's gemacht: Integration durch Programme

Mit ihren Programmen legt die Organisation fest, wie sie ihre Zwecke verfolgen will und welche Routinen dabei zum Einsatz kommen sollen. Sie bündelt in ihren Programmen ihre Entscheidungskriterien. Wegen ihrer weitreichenden Folgen ist die Erarbeitung von Strategien und Prozessen oft mühsam und konfliktgeladen, beispielsweise wenn die umstrittene Ressourcenverteilung für einen bestimmten Zeitraum (gefühlt: für immer) festgelegt wird. Mit dieser Entscheidung erspart die Organisation ihren Mitgliedern viele Einzelauseinandersetzungen. Was als Programm definiert ist, muss nicht in jeder neuen Situation immer wieder neu ausgehandelt werden. Um trotzdem die nötige Flexibilität zu sichern, sind einige Programme so angelegt, dass vieles auf Schiene gesetzt wird, an manchen Stellen aber Weichen für Entscheidungsspielräume sorgen. Dort wird abgewogen und gerungen, etwa wenn zuständige Gremien entscheiden müssen, in welche Richtung es weitergehen soll. Ein Beispiel sind Stage-Gate-Prozesse in der Entwicklung neuer Produkte und Verfahren. In den Entwicklungsphasen (Stages) steht ein genehmigtes Budget zur Verfügung, um einen definierten Prozess abzuarbeiten, etwa in Studien oder Testreihen. Nach Abschluss der Entwicklungsphase wird anhand der Ergebnisse (oder auch beeinflusst von externen Faktoren) entschieden, ob und wie es weitergeht.

Die Routine- und Zweckprogramme, die die Organisation ihren Mitgliedern zur Verfügung stellt, eignen sich für unterschiedliche Aufgaben unterschiedlich gut. In einer Fabrik wird man am Fließband eher sehr enge Routineprogramme einsetzen, um die Arbeitsabläufe zu steuern. Zweckprogramme kommen zum Einsatz, wenn zwar das Ziel, aber der Weg zur Lösung oder die Lösung selbst noch nicht bekannt sind. Start-ups, Werbeagenturen, Forschungsabteilungen arbeiten bevorzugt in diesem Modus. Aber auch kundenorientierte und dezentralisierte Organisationen geben ihren Teams und operativ tätigen Mitgliedern gern nur ein Ziel vor, das sie anschließend »eigenverantwortlich« verfolgen sollen.

Dabei sind Widersprüche und Konflikte schon im Zweckprogramm angelegt. Denn die freie Wahl der Mittel der »eigenverantwortlich« handelnden Mitglieder ist eine Illusion. Diese Mittel müssen ihnen zur Verfügung stehen. Offen gestaltete Zweckprogramme können nicht nur für Konflikte zwischen Organisationsbereichen sorgen, sondern auch für Reibungen auf persönlicher Ebene zwischen einzelnen Mitgliedern. Wenn die hinreichenden Mittel fehlen, kann das Zweckprogramm die Mitglieder in die brauchbare Illegalität zwingen. (Diese Mechanismen haben wir oben im Kapitel über → **brauchbare Illegalität** beschrieben.) Das ist das süße Gift, das mit dem Einsatz von Zweckprogrammen in die Organisation fließt: Auf der formalen Ebene sieht alles wunderbar problemlos aus. Was widersprüchlich ist oder zeitlich und mit legalen Mitteln nicht zu leisten ist, müssen die Mitglieder als Personen auffangen und in informalen, persönlichen Konflikten austragen. Die Mitglieder in die bunte Welt der Handlungsfreiheit zu stoßen dient nicht der Humanisierung der Organisation, sondern der Durchsetzung des Zweckprogramms zulasten der Personen. Ein gewisses Maß an Routineprogrammen, die altmodisch in Form von bürokratischer Buchhaltung und Zeiterfassungssystemen daherkommen können, ist notwendig, um der Gier der Organisation und ihrer Zweckprogramme Einhalt zu gebieten und den Mitgliedern die Trennung zwischen Rolle und Person zu erleichtern. In diesem Sinne wirkt die Limitierung der Zweckprogramme durch Routineprogramme entlastend und schützt die Personen.

Nicht nur auf operativer Ebene müssen Widersprüche und Konflikte bearbeitet werden. Das betrifft auch die strategische Ausrichtung einer Organisation, also Entscheidungen darüber, welchen Zweck sie wie verfolgen und wie sie das kommunizieren will. Organisationen müssen ihre Entscheidungen wie ihre offensichtlichen Widersprüche mit einer Rahmenerzählung erklären – nicht nur gegenüber ihrer Umwelt, sondern auch gegenüber den eigenen Mitgliedern. Wenn ein Unternehmen einen Geschäftsbereich aufgrund von Sparmaßnahmen verkauft und gleichzeitig andere Sparten ausbaut, benötigt es dafür eine nachvollziehbare Begründung, die sich in die Gesamterzählung fügt. Wenn zum Beispiel ein Teil des Unternehmens nicht mehr zur Strategie des Mutterkonzerns passt (oder das zumindest glaubhaft kommuniziert werden kann), ist die Veräußerung die logische Konsequenz. Verbunden wird das mit dem Dank an den verkauften Bereich und dessen Mitarbeiterinnen und Mitarbeiter, denen man eine erfolgreiche Zukunft wünscht – an der es keinen Zweifel geben kann, da der Bereich das Unternehmen des neuen Eigentümers hervorragend ergänzt. Parallel in andere Bereiche zu investieren und Personal aufzustocken wirkt, so die Hoffnung der Rahmenerzählungsstrategen, vor diesem Hintergrund nicht zynisch, sondern signalisiert Innovationskraft.

Das Gleiche gilt für die Investition in unterschiedliche Geschäftsfelder. Hier lautet die Rahmenerzählung, dass man angesichts der dynamischen Entwicklung der Branche die Investition streuen will und die Chancen verschiedener Modelle und Geschäftsbereiche beobachtet – auch wenn sich derzeit nicht mit Sicherheit prognostizieren lässt, welches dieser neuen Geschäftsfelder zukunftsträchtig ist. Nach unserer Erfahrung kann man Organisationsmitgliedern eine komplexe und nüchterne Erzählung zumuten, die darauf verweist, dass Zukunft kontingent ist und Entscheidungen unter Unsicherheit unvermeidbar und oft notwendig sind.

Die Alternative ist eine Simplifizierung der Verhältnisse – beispielsweise mit Erzählungen, die von der Organisations-Familie, einem gemeinsamen Ziel und dem Zusammenhalt einer Gemeinschaft handeln. Das ist mit harten

Entscheidungen unvereinbar und kann schnell als Heuchelei erkannt werden.

Vertrau mir: Integration durch Personen

Schließlich lassen sich in der Organisation angelegte Widersprüche und Konflikte auch durch herausgehobene Personen bearbeiten: Ihre Autorität kann integrierend wirken (zumindest wenn sie als Personen Glaubwürdigkeit, Autorität und Integrationsfähigkeit besitzen). Das ist die Aufgabe von Bereichsleitern, Chefredakteurinnen, Geschäftsführerinnen oder Vorständen.

Herausgehobene Personen integrieren auf zwei Weisen. Zum einen indem sie Entscheidungen treffen, die die Zweckwidersprüche der Organisation bearbeiten. Das zählt zu den Pflichten ihrer Organisationsrolle, die wir oben als der »schielende Vorstand« beschrieben haben. Übernimmt nicht ein Gremium, sondern eine Person allein diese Aufgabe, etwa eine Gründerin oder ein geschäftsführender Gesellschafter, verkörpert sie allein dadurch, dass sie diese Aufgabe ausfüllt, die Notwendigkeit und Möglichkeit, die Zweckwidersprüche der Organisation auszubalancieren und miteinander in Einklang zu bringen (oder zumindest den Anspruch, dass ihr das gelingt). Auch hier kann die Organisation mit ihren ungelösten Problemen die Führungskraft nicht nur in ihrer Organisationsrolle, sondern als Person beanspruchen und überbeanspruchen.

Die zweite Weise, in der Personen Konflikte der Organisation befrieden, rührt weniger aus ihrer formalen Rolle her als von der Person selbst und dem ihr entgegengebrachten Vertrauen. In einem Familienunternehmen wird der Patriarch an ihn herangetragene Konflikte befrieden und eine Entscheidung treffen, die den offenen Konflikt vorerst aus der Organisationswelt schafft. An Gründerfiguren orientieren sich die Organisationsmitglieder in einem Maße, das über deren Stellung in der Hierarchie hinausgeht. Manche erlangen durch ihre Leistungen den Status eines Problemlösers und wirken als ordnender Faktor auf ihre Organisationsumwelt. Die Erwartung, dass sie Probleme kompetent bearbeiten, speist das Vertrauen in ihre Entscheidungen. Trotz dieser integrierenden Kraft bleiben die Zweckwidersprüche allerdings bestehen. Im ungünstigen Fall werden sie, ähnlich wie bei den guten Freunden im Vorstand des IT-Dienstleisters, von harmoniebedürftigen Patriarchen oder irgendwo in der großen Vergangenheit stehen gebliebenen Gründern zulasten ihrer Nachfolgerinnen nur verdeckt und verschleppt.

Organisationen können versuchen, eine ähnliche Integrationswirkung durch die persönliche Autorität eines herausgehobenen Mitglieds zu erreichen, etwa wenn gegenüber den Mitgliedern seines Bereichs seine herausragende Qualifikation betont wird. Wenn eine Personalchefin nicht nur eine Laufbahn im Personalwesen, sondern auch Erfahrungen im operativen Geschäft vorweisen kann, erhöht das zumindest die Chancen, dass sie neben den Rationalitäten des Personalbereichs auch die des operativen Geschäfts versteht – und dass die anderen Mitglieder ihr das zutrauen. Die Wahrscheinlichkeit, die Widersprüche im Sinne der Organisation produktiv zu bearbeiten, steigt damit. Das ist zumindest die Hoffnung.

Ob und wie der professionelle Hintergrund einer Person die Erwartungen der anderen Organisationsmitglieder prägt, liegt nicht allein in der Macht der Organisation.

Sie kann alles dafür vorbereiten: die Präsentation auf der Website, das Schild an der Tür, die Einführung der Person mit deutlichem Verweis auf ihren Hintergrund vor Publikum, ein als Führungs-Coaching umschriebener Schauspielkurs für die neue Bereichsleiterin. Aber woran sich das Publikum der Mitglieder orientiert, darüber entscheidet nicht die Organisation, sondern die Mitglieder. Wesentlich stabiler sind deshalb Erwartungsstrukturen gegenüber herausgehobenen Personen, die nicht in der Hierarchie entschieden, sondern sich unter den Mitgliedern mit der Zeit herausgebildet haben. Erfahrung in der gemeinsamen Arbeit ist wirkungsvoller als die Titel auf der Visitenkarte. Das Vertrauen in die fachliche Kompetenz und menschliche Integrität der Person lässt sich nicht anordnen. Es muss erarbeitet werden, genau wie persönliche Autorität, der man die Kraft zubilligt, integrierend zu wirken.

In unserer Beratungstätigkeit sind uns solche Mitglieder mit großer persönlicher Autorität und Integrationskraft in Form von alten Weisen begegnet. Oft sind sie schon als Auszubildende im Jugendalter der Organisation beigetreten und dann langsam aufgestiegen, ohne je in eine Spitzenposition zu gelangen. Sie waren bei allen wichtigen Entscheidungen der Vergangenheit dabei, sie kennen alle Schleichwege und Abkürzungen. Sie haben Beraterinnen, Manager und Managementmoden kommen und gehen sehen. Die halbe Organisation hofft, dass sie niemals in Rente gehen, nicht nur aus sentimentalen Gründen, sondern weil ihr Strukturwert durch eine Neubesetzung der Stelle nicht ersetzt werden kann. Was für andere Mitglieder unlösbare Probleme oder noch nie da gewesene Herausforderungen sind, können die alten Weisen für sie lösen – für den Preis des versonnenen Lächelns und der Geduld, mit der sich die Neulinge, die erst zehn Jahre in dem Laden sind, mal wieder die Geschichte von der Krise 1993 anhören dürfen, als es noch echte Probleme und wahre Ehrlichkeit gab.

Eine kluge Organisationsspitze nutzt und respektiert die eigenwilligen alten Weisen. Besonders gut lassen sich die entstehenden Beziehungen in Familienunternehmen beobachten, da hier die Führungspositionen besonders stabil sind und die Mitglieder seltener wechseln als in anderen Unternehmen. Im Zweifel kannten die allseits respektierten Veteranen den jetzigen geschäftsführenden Gesellschafter schon, als der noch zur Schule ging und ab und zu seinen Vater im Familienbetrieb besucht hat. In einem familiengeführten Chemieunternehmen konnten wir so einen Weisen kennenlernen, nennen wir ihn Herrn Paschulke.

Herr Paschulke unterzeichnete seinen Arbeitsvertrag noch unter dem Großvater des heutigen Konzernchefs. Über die Zeit hat er sich eine Verantwortungsposition erarbeitet, in der er gleichzeitig informaler stellvertretender Finanzvorstand und eine Art persönlicher Assistent aller in der Organisation tätigen Familienmitglieder geworden ist. Zwischen den Familienmitgliedern gibt es keinen offenen Streit, aber Sticheleien und Konkurrenzen. Testangriffe, ob die Cousine oder der Halbbruder den jeweils zugeteilten Verantwortungsbereich auch verteidigt, gehören zum täglichen Intrigengeschäft in den Hinterzimmern. Herr Paschulke fungiert dabei als neutrale, weil allen Familienmitgliedern gleichermaßen vertraute Instanz, die diskret auch die Probleme löst, von denen die anderen Familienmitglieder nichts erfahren dürfen.

Kommt es zu offenen Konflikten zwischen Familienmitgliedern (die nicht unbedingt persönlicher, sondern auch funktionaler Natur sein können, wenn die Perspektiven der unterschiedlichen Verantwortungsbereiche einander widersprechen), kann Herr Paschulke aufgrund seiner bewährten Neutralität und des ihm entgegengebrachten Vertrauens vermitteln. Sein Vorgehen ist dabei nicht frei von List und Raffinesse. Üblicherweise platziert er sich als Moderator – der leider alles missversteht. Damit wird im ersten Schritt der persönliche Konflikt entschärft, da nun erst mal der geschätzte, aber leidig langsame Herr Paschulke Aufmerksamkeit benötigt: Man muss dem guten Mann alles sehr ausführlich erklären, damit er versteht, um was es überhaupt geht. Während beide Seiten damit beschäftigt sind, ihre lokale Rationalität erneut darzustellen, kann der alte Weise die Handlungsmöglichkeiten prüfen und schließlich einen Kompromiss vorschlagen, der für beide Seiten leidlich annehmbar ist.

Die Wahrscheinlichkeit, dass dieser Kompromissvorschlag von beiden Seiten akzeptiert wird, ist groß. Dass Herr Paschulke Probleme aus dem Weg räumt und dabei keine Seite übervorteilt, ist in der Familie bekannt. Man hat ihm zuvor vertraut, also kann man ihm wieder vertrauen. Auch hier gilt: Erfahrung ist wirkungsvoller als jeder Titel auf der Visitenkarte. Außerdem wissen alle Familienmitglieder um ihre Leichen im Keller, die Geheimnisse, von denen er weiß und die er nie gegen sie verwendet hat. Ein schönes Paradox: Die geteilten Geheimnisse sorgen für das nötige Vertrauen. Herr Paschulke käme nie auf die Idee, mit diesem Wissen zu drohen. Es genügt, dass die anderen wissen, was er weiß. Die Familienmitglieder haben gute Gründe, ihn zu hören und darauf zu achten, es sich nicht mit ihm zu verscherzen.

Wichtig ist dabei: Es ist nicht allein die Person von Herrn Paschulke, die das Schließen eines Kompromisses ermöglicht. Er agiert in einer Rolle, die er sich selbst geschaffen hat (und die natürlich nicht im Organigramm des Unternehmens zu finden ist). In der Lage ist er dazu nur, weil alle Parteien ähnliche und stabile Erwartungen an diese Rolle ausgebildet haben. Personen benötigen Strukturen, die ihnen den nötigen Raum zur Verfügung stellen, um auf eine Organisation einzuwirken und zum Beispiel ihre Widersprüche integrierend und ausbalancierend zu bearbeiten.

Arbeitsteilung macht die Zweckwidersprüche der Organisation sichtbar. Sie benötigt Integration. Gutes Organisieren heißt, geeignete Austragungsorte für Konflikte zu schaffen und die Gier von Zweckprogrammen zu begrenzen. Hoffnung auf einzelne Personen zu setzen ist genauso ein Glücksspiel wie Konfliktlösung durch Erzählungen vom gemeinsamen Ziel und harmonischer Zukunft. Die wichtigste Regel der Organisationsgestaltung lautet: Streitet euch! Und streitet euch klug!

SUPERMAN WOHNT HIER NICHT MEHR

WESHALB FÜHRUNG ÜBERALL UND NICHT NUR IN DER HIERARCHIE STATTFINDET

Managerinnen und Manager verfügen in der Regel über technische, juristische oder betriebswirtschaftliche Ausbildungen oder über eine Kombination davon. Sie besitzen (meist) die nötige Fachkompetenz und gesunden Menschenverstand. Sie haben (meist) kein Problem damit, Führungsverantwortung zu übernehmen. Sie geben sich (meist) Mühe, im Interesse des Unternehmens und nicht mehr als nötig zulasten der Mitarbeiterinnen und Mitarbeiter zu handeln. Eigentlich wissen sie, was sie tun. Ihr blinder Fleck ist die Organisation selbst. Mit ihrem Unterholz der Informalität, den notwendigen Regelbrüchen, den Limitierungen und Entlastungen formaler Rollen begegnet ihnen die Organisation als ein oft undurchsichtiges Phänomen: mit Wänden, gegen die sie laufen, Türen, die sich nicht öffnen lassen, Fallen, in die sie geraten, ohne zu wissen, wie das geschehen konnte – und mit unverfänglichen Situationen, die sie irrtümlich für Fallen halten.

Eine klassische Definition versteht als Tragödie die katastrophale Konsequenz einer mit besten Absichten, aber unter Mangel an Informationen ausgeführten Handlung. In diesem Sinn sind viele der hier beschriebenen Fälle und Unfälle unnötige Organisationstragödien. Sie sind, anders als in der Antike, keine Strafe der Götter für menschliche Hybris, sondern die vermeidbare Folge mangelnder Aufklärung. Aufklärung bedeutet: Befreiung vom Glauben an Mythen durch Vernunft. Das gilt auch für selbst verfertigte Mythen. (Etwa der Art: Ich laufe hier immer gegen Wände, weil ich mich an die Regeln halte. Meine Mitarbeiterinnen sind alle unfähig. Meine Vorgesetzte gönnt mir keine Erfolge. Alle Kollegen sind meine Konkurrenten. Der Konflikt ist persönlich usw.). Einer dieser Mythen ist die Annahme, es läge in der Verantwortung der Führungskräfte und Managerinnen, eine jederzeit harmonische, konfliktfreie, vollständig reibungslos funktionierende Organisation zu schaffen. Ihre Aufgabe ist es, gut zu organisieren, mit begrenzten Ressourcen bestimmte Zwecke zu erreichen und die Mitglieder nicht unnötig zu belasten oder als Puffer für Organisationsversagen zu missbrauchen. Aber weil Organisationen keine Maschinen der reinen Zweckrationalität mit perfekt ineinandergreifenden Zahnrädern sind, ist das Idyll der konfliktfreien, wie von Führungskraft-Zauberhand befriedeten und von ihren Zweckwidersprüchen befreiten Organisation nicht möglich. Es wäre auch nicht wünschenswert.

Die Idealvorstellung »rationaler Harmonie«, die das »Zusammenleben der Menschen möglichst widerspruchsfrei« macht, »mit möglichst weitreichendem Konsens und mit höchsterreichbarer zeitlicher Stabilität und Kontinuität in allen Verhaltenserwartungen« (Luhmann 1964, 268) ist so welt- wie organisationsfremd. Luhmann verweist darauf, »dass Widerspruchsfreiheit, Konsens und zeitliche Stabilität nicht absolute Systemnotwendigkeiten sind, dass jedes soziale System vielmehr ein hohes Maß an Widersprüchlichkeit braucht, um in einer fremden, nicht voll beherrschbaren Umwelt zu bestehen« (Luhmann 1964, 269). Einen Grund dafür haben wir in den vorigen Kapiteln bereits diskutiert: Die widersprüchlichen Anforderungen der Umwelt – etwa Rechtstreue, angemessene Bezahlung, konkurrenzfähige Preise und Produkte – bilden sich als Zweckwidersprüche in der Organisation ab.

Führungskräfte, die sich dem Druck der Harmonie-Ideologie und nicht erfüllbarer Erwartungen (oder Anmaßungen) ausliefern und versuchen, als Deus ex Machina und stets präsenter Friedensstifter alle Konflikte zu lösen und jedem gerecht zu werden, sind nicht zu beneiden. Macht euch frei! – möchte man ihnen manchmal zurufen. Sie werden zum Opfer des Mythos vom allmächtigen und allwissenden Supermanager. Mit diesem Missverständnis ihrer Rolle überfordern sie nicht nur sich selbst, sie unterschätzen auch das Eigenleben der Organisation. Beim Versuch, diese ihren Ordnungsansprüchen zu unterwerfen, gleichen sie einem komischen Helden, der zu viel über unerschrockene Superhelden gelesen hat: Don Quijote im Kampf mit der Windmühle.

Führung als erfolgreiche Einflussnahme in kritischen Momenten

Gute Führung besteht nicht im Festhalten an einer Harmonie-Fiktion, sondern im Gegenteil: in der Bearbeitung der Konflikte und Widersprüche der Organisation. Führung bedeutet, Orientierung zu schaffen. Entgegen weitverbreiteten Annahmen ist Führung nicht identisch mit Organisationsmacht oder abhängig von der Position in der Hierarchie. In jeder größeren Organisation dürften zahlreiche Chefinnen und Vorgesetzte ihren Untergebenen wie ihren Aufgaben am besten damit dienen, in bestimmten Situationen nicht weiter zu stören und die Entscheidung über das weitere Vorgehen Leuten zu überlassen, die davon mehr verstehen: den Mitarbeitenden, denen sie vorgesetzt sind.

Führung ist oft kleinteilig und fast unsichtbar, mal mehr, mal weniger an die Spielregeln der Formalität gekoppelt. Führung findet überall statt, auf allen Hierarchieebenen, in alle Richtungen: von unten nach oben, horizontal, aber natürlich auch klassisch von oben nach unten. Für die Führung von unten (ohne ihre Referentinnen, Assistenten, Expertinnen wären viele Organisationsmachthaber orientierungslos – entsprechend lassen sie sich beeinflussen), prägt Niklas Luhmann den Begriff der »Unterwachung« (Luhmann 2016, 90 ff.). Der Untergebene beobachtet seine Vorgesetzte weit genauer als sie ihn. Organisationserfahrene Untergebene wissen, dass ihre Vorgesetzte auf sie angewiesen ist. Sie haben gelernt, diese bei Bedarf zum Beispiel durch geschicktes Taktieren bei der Auswahl von Informationen zu steuern. Wer unterwacht, gibt genau das weiter, was zu den gestellten Anforderungen, aber auch zu den eigenen Interessen passt. Kluge Vorgesetzte lassen sich bereitwillig von ihren Untergebenen führen. Sie wissen, dass die Verweigerung der Unterführung und die Überbetonung der Hierarchie dazu führen kann, dass alle ungelösten Probleme nach oben weitergereicht werden.

Führung benötigt den kritischen Moment. Sie ist gefragt, wenn die Routinen und vertrauten Entscheidungsprämissen nicht mehr zur Handlungsorientierung ausreichen. Situationen, in denen unklar ist, wie entschieden und gehandelt werden soll, eröffnen die Möglichkeit, in Führung zu gehen. Wer sich in dieser Lage mit eigenen Vorschlägen durchsetzt und Gefolgschaft findet, führt. Die besten Sachargumente sind dabei nur eines der Einflussmittel. Wer sich Autorität erworben hat, weil sie oder er in der Vergangenheit zuverlässig Kompetenz und Sinn für gute Lösungen bewiesen hat, wird eher aufmerksame Zuhörende finden als ein unerfahrener oder unbekannter Kollege. Wer knappe Ressourcen verwaltet, kann sie als Tauschgut anbieten: Es lohnt sich, ihr oder ihm zu folgen. Wer als graue Eminenz über ein dichtes Netzwerk freundschaftlicher Verbindungen verfügt, kann es entsprechend einsetzen (vgl. Muster et al, 2020, 295 f.).

Ausgestattet mit Tauschmitteln, mit Autorität, mit Sozialkapital, mit guten Argumenten oder nur mit Entschlossenheit, erheben die unterschiedlichen Akteure in geeigneten Situationen ihren Führungsanspruch. Dass sie sich damit durchsetzen, ist nicht garantiert. Der vermeintliche Held, der »Mir nach!« ruft und mit wehendem Banner vorausrennt, während ihm sein Publikum achselzuckend die Gefolgschaft verweigert, macht sich lächerlich. Verstößt er dabei vor lauter Engagement auch noch gegen Vorgaben der Formalstruktur, kommt zur Blamage das Risiko der Sanktion. Das macht Versuche, in Führung zu gehen, riskant. Selbst in Situationen, in denen Führung im Interesse der Organisation notwendig wäre, wird sie deshalb unter Umständen vermieden – etwa wenn Organisationsmitglieder bemerken, dass außerhalb ihres unmittelbaren Verantwortungsbereichs gerade schwere Fehler gemacht werden und dringender Handlungsbedarf besteht. Um das Risiko der persönlichen Zurückweisung zu vermeiden, gehen sie nicht in Führung und bleiben still, statt auf das Problem aufmerksam zu machen. Besonders wenn Fehleinschätzungen der Vorgesetzten für die kritischen Momente sorgen, weil sich ihre Anordnungen als undurchführbar erweisen, sind Führungsansprüche von unten (etwa in Form des Vorschlags, wie die Vorgabe des Vorgesetzten der Realität anzupassen wäre) riskant. Sie können als Widerspruch gegen die gesamte formale Ordnung gedeutet werden (vgl. Muster et al, 2020, 298).

Diszipliniert die Organisation ihre Mitglieder so stark, dass sie es auch in kritischen Situationen vorziehen, zu schweigen und eisern ihre formalen Rollen – und nur die – zu erfüllen, bringt sich die Organisation um Information und ihre Mitglieder um Handlungsoptionen. Und um ihre Zukunft, falls es ganz blöd läuft. Auf die Putzkraft, die das defekte Belüftungsrohr im Krankenhaus bemerkte, auf die Security-Mitarbeiterin, der auffiel, dass der Arzthelfer Kochsalz statt Impfmittel spritzt, auf den Studenten, den die Messwerte im Atomkraftwerk misstrauisch machten, hätte man besser gehört.

Auch wenn die Organisation von der Eigeninitiative ihrer Mitglieder profitieren kann, ist es für sie dennoch mit Risiken behaftet, wenn diese in kritischen Momenten und ungesteuert von der Formalstruktur in Führung gehen. Ihre Zielrichtung, ihre Durchsetzungsfähigkeit, die Rationalität der Entscheidungen sind für die Organisation nicht immer kalkulierbar. Das unterscheidet Führung von Hierarchie. Kritische Momente zeichnet aus, dass sie auf unterschiedliche Weise entschieden werden können. Welche der vielen möglichen Entscheidungen sich durchsetzt, hängt vom Verlauf der jeweiligen Situation ab – und damit unter Umständen auch von so schwer kalkulierbaren Faktoren wie persönlicher Sympathie unter den Beteiligten, Zufällen und der Stimmung des Moments. Organisationen wollen sich eigentlich von diesem »diffusen sozialen Geschehen«, wie Luhmann (1994: 207) es nennt, unabhängig machen und Wege finden, die notwendige Erwartungssicherheit herzustellen. Und doch funktioniert es nicht ganz. Wie elementare Verhaltensweisen kittet auch Führung die Regelungslücken der Organisationen.

Führung ist nicht identisch mit Hierarchie. Das ist eine für Vorgesetzte recht enttäuschende Einsicht: Dass sie ihren Leuten vor-gesetzt sind, bedeutet noch lange nicht, dass sie sie auch jederzeit führen. Mit der Hierarchie stellt ihnen die Formalstruktur lediglich Entscheidungbefugnisse und Einflussmittel zur Verfügung. Ob und wann sie damit auch in Führung gehen, ist eine andere Frage.

Die Formalstruktur sichert den Einfluss darauf, wer nach welchen Kriterien entscheidet und bei Fehlentscheidungen zur Verantwortung gezogen werden kann. Die Hierarchie macht Gefolgschaft zur Pflicht, zumindest im Rahmen der jeweiligen Organisationsrollen. Wer auf die Frage »Warum soll ich dir folgen?« mit »Weil du rausfliegst, wenn du es nicht tust« antworten kann, verfügt über ein wirkungsvolles Druckmittel. Allerdings stellt die Drohung mit dem Ausschluss aus der Organisation die maximale Eskalationsstufe dar, die Ultima Ratio. In der Regel sollte die Möglichkeit der Entlassung wirken, indem sie nicht thematisiert wird. Wer an sie erinnern muss, demonstriert, dass er es nötig hat, weil ihm keine anderen Führungsmittel zur Verfügung stehen. In funktionierenden Organisationen sollten Vorgesetzte nicht permanent drohen und um Gefolgschaft kämpfen müssen. Das setzt voraus, dass Führungskräfte von der Organisation mit hinreichenden Führungsmitteln versorgt werden, um diese Eskalation unnötig zu machen. Wird der Verweis auf die Möglichkeit der Kündigung regelmäßig als Druckmittel benötigt, ist das ein deutliches Zeichen für Defizite in der Organisationsstruktur.

Defizite in der Struktur können sich auf zwei unterschiedliche Arten auf Führung auswirken. Eine mögliche Konsequenz besteht darin, dass Vorgesetzte verstärkt Überzeugungsarbeit leisten müssen, um das erforderliche Verhalten ihrer Mitarbeiterinnen und Mitarbeiter, aber auch anderer Führungskräfte zu erreichen: Sie müssen bitten, drohen, argumentieren, sie müssen für Gefolgschaft sorgen. Führung muss das Defizit der Formalstruktur kompensieren. Wenn sie dabei nicht erfolgreich sind und die Untergebenen für das Verweigern von Gefolgschaft keine Konsequenzen fürchten müssen, kann sich daraus eine organisationale Krise entwickeln (das haben wir oben im Kapitel → **Wer nicht weiterweiß, wird laut** beschrieben). Oder andere gehen in Führung.

Der zweite mögliche Effekt von Strukturdefiziten sind starke Orientierungsbedürfnisse. Wenn Organisationsmitglieder nicht wissen, was von ihnen erwartet wird, und sie permanent (in der Regel bei Vorgesetzten) um Führung bitten oder selbst in Führung gehen müssen, bestehen offensichtlich Lücken in der Organisationsstruktur. Manche dieser Lücken sind sinnvoll und unvermeidlich. Sie müssen situativ gefüllt werden, weil nicht jede Unsicherheit durch Regeln gelöst werden kann. Das machen sich Zweckprogramme zunutze. Aber wenn Führungskräfte hauptsächlich damit beschäftigt sind, von Call zu Call zu springen, banale und kleinteilige Entscheidungen zu treffen, Mut zuzusprechen und Orientierung zu bieten, stimmt etwas nicht. Führungskräfte, die vom Klein-klein des Alltags okkupiert sind, haben wenig Möglichkeiten, ihre eigentliche Arbeit zu machen – was dann als Führungsschwäche interpretiert werden kann. Es hilft, die Organisation so zu bauen, dass nur die wichtigen Entscheidungsnotwendigkeiten bei der Führungskraft landen und der Alltagsbetrieb ohne ihre andauernde Intervention auskommt.

Wir haben zwei Fälle untersucht, in denen Organisationen an der Aufgabe der Führung grandios gescheitert sind.

Von der Meeting-Manege zum Entscheidungsautomaten

Ein mittelständischer Automobilzulieferer stellt technisch anspruchsvolle Produkte her. Weil sich die Anforderungen seiner Kunden permanent verändern, ist die vorausschauende Weiterentwicklung der Produktpalette eine Kernaufgabe. Über die Ressourcenverteilung im Entwicklungsprozess wird in regelmäßigen Meetings entschieden. Entwickler verschiedener Bereiche konkurrieren dabei um Budget, Personal, Zugriff auf externe Expertise. Im Ergebnis entscheidet nicht die vom Vorstand beschlossene Entwicklungsstrategie, sondern das Interaktionsgeschick in diesen Meetings über die Ressourcenverteilung und damit darüber, welche Produkte mit welchem Aufwand entwickelt werden. Intern wird das Ritual der Meetings als »Gladiatorenparade« bezeichnet: Die Verantwortlichen der jeweiligen Unternehmensbereiche führen beim Schaukampf um die Entwicklungsbudgets ihre Ingenieur-Gladiatoren in die Manege – das Meeting wird zur Bühne im Theater der Organisation.

Die Performance-Darbietung in der Meeting-Manege hat zwar nur begrenzt mit Sachorientierung zu tun, ist aber so einflussreich, dass das Talent für den Meeting-Auftritt zum Teil des Recruiting-Prozesses für künftige Entwicklerinnen im Unternehmen geworden ist. Über Einstellung und Karrierechancen entscheiden nicht allein fachliche Qualifikationen, sondern auch deren Verhandlungs- und Selbstdarstellungsfähigkeiten. Das geschieht ganz offen: Im Assessmentcenter werden entsprechende Meeting-Situationen simuliert. Damit macht die Formalstruktur an ihrer wichtigsten Stelle, der Entscheidung über die Organisationsmitgliedschaft, die Performance-Qualitäten der Bewerberinnen und Bewerber zum Entscheidungskriterium. Jedes zusätzliche Kriterium bei der Suche nach geeignetem Personal verkleinert die Auswahl. Dass fachlich brillante Entwicklerinnen und Entwickler ohne Talent zur Selbstdarstellung dem Unternehmen so verloren gehen können, wird mehr oder weniger unreflektiert hingenommen.

Nicht nur deswegen will die Organisationsspitze dem Perfomance-Wettbewerb ein Ende setzen. Sie hat erkannt, dass die Meeting-Manege dysfunktional ist, wenn der gekonnte Auftritt der Ingenieur-Gladiatoren die Sach-Auseinandersetzung überstrahlt. Statt der möglicherweise leicht zu beeindruckenden Managerinnen und Manager im Publikum der Manege soll ein Algorithmus die Budget-Verteilung übernehmen. Das ist eine so radikale wie hilflose Antwort auf eine unhaltbare Situation. Sie hat mit der oben beschriebenen Scheu zu tun, sich dem anstrengenden Ausbalancieren der Zweckwidersprüche zu stellen. Stellt man sich den Bedarf an Führung wie einen Regler vor, wird er mit der Lösung, die Budget-Entscheidung an einen Algorithmus zu delegieren, von »100« auf »0« gezogen. »100« bedeutet: Die Entscheidung wird der Interaktion und der Fähigkeit, in ihr in Führung zu gehen, überlassen. »0« bedeutet: Es findet keine Führung mehr statt, zumindest keine, die mit Argumenten zu tun hat und von Personen geleistet wird.

Dass die Selbstinszenierung der Gladiatoren-Performer in der Meeting-Manege so einflussreich werden konnte, lag nicht (oder nicht nur) an der Manipulierbarkeit der Führungskräfte im Publikum der Budget-Schaukämpfe. Es war die Konsequenz einer großen Strukturlücke. Nur weil die Organisation den Budget-Entscheiderinnen keine Kriterien zur Verfügung stellte, die ihnen die notwendige Orientierung und Sicherheit geboten hätten, konnte die Fähigkeit zur Selbstdarstellung in der Interaktion die Entscheidungen so stark beeinflussen. Wenn man nicht weiß, woran man sich halten soll, entfaltet der gelungene Auftritt seine Wirkung. Es wäre Aufgabe des Vorstands gewesen, den Budget-Entscheiderinnen Entscheidungskriterien zur Verfügung zu stellen.

Mit der Unterwerfung unter einen Algorithmus entfällt die Möglichkeit, durch Führung Einfluss zu nehmen oder auch nur in einer offenen Diskussion zu streiten und so die Zweckwidersprüche abzubilden. Wenn die Budget-Verteilung von einem Rechen-Programm übernommen wird, müssen die Abteilungen versuchen, den Algorithmus und seine Kriterien zu durchschauen und für sich zu nutzen, statt wie bisher die Zuschauer der Manege zu adressieren. Was das Programm honoriert und als wichtig bewertet, wird auch für die Abteilungen wichtig. Sind alle Bedingungen erfüllt? Ist man unterhalb der wichtigen Schwellenwerte geblieben? Lassen sich Abkürzungen und Hintertüren finden, um die vorteilhaften Daten präsentieren zu können? Das bedeutet im Umkehrschluss auch: Was vom Programm nicht bewertet wird, ist auch für die Abteilung unwichtig. Hauptsache, die Kennzahlen stimmen.

Es ist offensichtlich, dass dies kein Erfolg versprechendes Modell ist. Bei noch so ausgefeilten Algorithmen und noch so detailliert erhobenen Daten bleiben zu viele blinde Flecken beim Erfassen der Bedarfe der einzelnen Abteilungen. Mit dem Delegieren der Budget-Entscheidung an einen Algorithmus nimmt sich die Organisation die Möglichkeit, auf einfachem Weg in Entscheidungen einzugreifen und Akzente zu setzen. Statt dieser Radikallösung wäre ein Mittelweg sinnvoll gewesen: eine differenzierte Entscheidung darüber, was durch Struktur und was durch Führung entschieden werden soll. Die Organisationsspitze muss klären, welche Fragestellungen harte, relativ mechanisch verwendete Kriterien benötigen, die einen erwartungssicheren Rahmen schaffen, und für welche Belange die offene Debatte der Meeting-Manege geeigneter ist. Wo muss die Möglichkeit zu Führung bestehen bleiben? Welche Fragen müssen weiterhin in kritischen und entscheidungsoffenen Momenten bearbeitet werden? Nur dann kann die Organisationsspitze erfolgreich Impulse setzen, ohne durch zu viele Regeln gelähmt oder durch zu viel Theaterkunst geblendet zu werden.

Führung ohne Einflussmittel – die Fallen der Selbstorganisation

»Selbstorganisation« ist ein Modewort aus dem Management-Diskurs, das aus soziologischer Perspektive nicht besonders aussagekräftig, sondern eine Tautologie ist: Jede Organisation organisiert sich selbst. Gemeint ist mit dem Begriff in der Regel eine Form von Entscheidungsautonomie für ausgewählte Bereiche und Teams sowie das Fehlen einer formalen Hierarchie. Grundlage des Konzepts ist die Idee, dass ein fachlich versiertes Team, dem alle Mittel zur Erfüllung einer Aufgabe zur Verfügung stehen, keine Anleitung von oben braucht, sondern selbst am besten weiß, wie es zum Ziel kommt.

Allerdings hat Hierarchie nicht nur die Funktion, für Leistungsmotivation zu sorgen, sei es durch die Peitsche oder das Zuckerbrot. Hierarchie wirkt auch als erwartungssichere Struktur. Sie entlastet die Organisationsmitglieder, die sich an ihr orientieren und davon ausgehen können, dass auch andere diese Orientierung als legitim akzeptieren.

Wir konnten bei einem Forschungsprojekt im Maschinenwerk eines französischen Konzerns beobachten, wie sich das Fehlen von Hierarchie und ihrer entlastenden Funktion auf die Arbeit der Beschäftigten ausgewirkt hat. Formal war vorgesehen, dass in den autonomen Arbeitsgruppen jedes Mitglied jede Aufgabe übernehmen kann. In der Theorie sollte das für größere Flexibilität im Einsatz der Arbeitskräfte, breitere Qualifikation und mehr Abwechslung im Arbeitsalltag sorgen. Die Arbeiten wurden jedoch weiter von denen ausgeführt, die dafür ausgebildet waren und die größte Erfahrung mit speziellen Tätigkeiten hatten. Die Teams holten sich in der Informalität die eingespielte Arbeitsteilung zurück, die von der Formalität nicht mehr vorgesehen, weil angeblich unnötig war. Das geschah im Arbeitsalltag der Teams durch Momente der Führung. Dabei wurde Mitgliedern spätestens, wenn sie beim Schweißen anspruchsvoller Nähte Fehler gemacht hatten, nahegelegt, das besser dem erfahrenen und darauf spezialisierten Kollegen zu überlassen und bei der eigenen Expertise zu bleiben. Ohne eine Hierarchie, die das Rotationsverfahren formal absichert, bleibt es bei der informal geregelten Arbeitsteilung. Dazu bedarf es keiner großen Anreize. Es genügt, dass so schnellere und bessere Ergebnisse erzielt werden. Die von der Organisation erwünschte Flexibilität wird dabei allerdings nicht eingeübt. Das geht so lange gut, bis die Organisation auf diese fiktive, nur in der Formalstruktur vorgesehene Flexibilität zugreifen will, etwa wenn wichtige Fachkräfte ausfallen oder Facharbeiter ad hoc von einem Schichtteam in ein anderes wechseln sollen. Dumm nur, dass diese Fachkräfte entgegen der Fiktion nicht alle Arbeiten beherrschen und dass andererseits dem Entsendeteam damit womöglich dringend benötigte Schweißer verloren gehen.

Hinzu kam die unklar definierte Sonderrolle der Teamsprecher. Formal sollten alle Teammitglieder gleichberechtigt sein, aber ein Mitglied musste die Sonderrolle des Sprechers einnehmen. Die Teamsprecher sollten lediglich als Informationskanal zwischen Team und Organisation dienen und Neuigkeiten in beide Richtungen weitergeben. Doch wurden sie schnell auch bei Entscheidungsbedarf aller Art adressiert: Wie organisieren wir unsere Schichten? Wie sehen gute Arbeitsabläufe aus? Wie lösen wir diesen oder jenen Konflikt? Formal sollten diese Fragen im ganzen Team gemeinsam geklärt werden. Aber die Konzentration auf ein Mitglied entlastete das restliche Team und schaffte eine erste Orientierung, die durch Diskussionen nur mühsam und zeitaufwendig zu erreichen gewesen wäre. Die pragmatische Informalität drängte die Teamsprecher in eine quasi-hierarchische Führungsrolle.

Die in kritischen Situationen entstehende Führung jenseits der Hierarchie hatte sich verstetigt und sich zügig zur Rolle eines informalen Vorarbeiters verfestigt. Die Teamsprecherinnen und Teamsprecher hatten nicht nur mehr Arbeit, wenn sie die an sie gerichteten Erwartungen ihrer Teamkolleginnen und Teamkollegen erfüllen wollten: Weil ihre Führungsrolle informal eingefordert wurde, formal aber nicht vorgesehen war, verfügten sie über keinerlei formale Einflussmittel, um die Führung durchzusetzen, die das Team gleichwohl von ihnen erwartete. Sie konnten keine Weisungen geben, sondern nur auf Bedarfe hinweisen, etwa bei der Besetzung einer unbeliebten Schicht. Sie konnten ihre Kollegen fragen, ob sie behilflich sein könnten, aber diese konnten jederzeit mit einem freundlichen Nein antworten. Der Preis für die Entlastung der Teammitglieder war die Überlastung der Teamsprecher. Die Organisation ließ die Teams mit der Aufgabe allein, unbeliebte Arbeiten zuzuteilen, Konflikte zu schlichten oder Arbeitsabläufe zu organisieren. Die Folgen dieser Überlastung ähnelten denen, die wir oben (im Kapitel → Dysfunktionale Spannungen) beschrieben haben: Es wurde laut.

Wenn eine Organisation ihren Mitgliedern keine Struktur zur Orientierung gibt, werden sie sich selbst eine schaffen. Kluges Organisieren heißt, eine formale Ordnung zu schaffen, in der die richtigen Leute in Führung gehen können, und ihnen die dafür nötigen Mittel zu geben. Man entlastet von der Beschäftigung mit Routinefragen und schafft Raum, um sich auf die spannenden, offenen Fragen zu konzentrieren.

INTERAKTION: LASS UNS DRÜBER REDEN

WIESO SICH NICHT ALLES DURCH OFFENE GESPRÄCHE LÖSEN LÄSST – UND VIELES DADURCH ERST RECHT KOMPLIZIERT WIRD

Wir beobachten bei vielen Unternehmen, die die Rolle der Menschen und ihrer Eigenschaften wieder stärker betonen, ein neu entdecktes Interesse am gezielten Einsatz von Interaktion zur Steuerung der Organisation. Entscheidungen sollen nicht auf den verregelten Pfaden des Dienstwegs und in komplizierten Abstimmungsprozessen herbeigeführt werden, sondern im direkten Gespräch der Beteiligten. Interaktion scheint die Antwort auf die Herausforderungen der Zeit zu sein. Eine gängige Erzählung besagt, man brauche jetzt Flexibilität und kurze Wege, um den Dauerstress von Digitalisierung, Globalisierung, ständiger Marktveränderungen, Beschleunigung vieler Prozesse, rasch wechselnder Kundenansprüche und den Wünschen der Generation Y begegnen zu können. Was zählt, ist das Versprechen von Tempo und Anpassungsfähigkeit, die offenbar zum Selbstzweck geworden sind und nur noch wenig Legitimation benötigen. einen Wert an sich darstellen und kaum noch eigens legitimiert werden müssen.

Interaktionen scheinen auf den ersten Blick besonders geeignet für schnelle Anpassungen. Im direkten Austausch unter Anwesenden lässt sich thematisieren, was in den Routinen der Bürokratie noch nicht als Problem oder Möglichkeit vorgesehen ist. Gespräche sind offener, direkter und beweglicher als starre Handlungsprogramme. Interaktionen scheinen auch mehr Geschwindigkeit zuzulassen. Sie sollen schnell und unkompliziert Interessen klären, gemeinsame Ziele festlegen, Widersprüche und Konflikte auflösen und Verständigung zwischen verschiedenen Parteien herstellen. Teams sollen sich selbst steuern und sich statt an starren Routinen an der Erfüllung von Kundenerwartungen orientieren. Mitarbeiterinnen und Mitarbeiter sollen mehr unternehmerische Verantwortung übernehmen und nicht mehr nur als Befehlsempfängerinnen handeln. Vorgesetzte sollen von Kontrolleuren zu Ermöglicherinnen werden. Das alles und noch viel mehr gelingt, wenn Interaktion das Hauptmittel zur Steuerung der Organisation wird – so die optimistische Erzählung. Aber wie das mit großen Versprechen und Visionen einer goldenen Organisationszukunft so ist: In der Praxis ist alles etwas komplizierter, widerspruchsreicher und nicht ohne Risiken und Nebenwirkungen.

In einigen Aspekten stimmt die Erzählung von der beflügelnden Interaktion sogar. Das direkte Gespräch ist in der Tat flexibler, wenn es um den Umgang mit Unbekanntem, nicht Vorhergesehenem, Neuem geht. Auch Missverständnisse können im Dialog schneller ausgeräumt werden, als wenn sie in der Tischvorlage für die Vorstandssitzung landen. Aber die Flexibilität hat einen hohen Preis: Interaktion kann nur als Austausch unter Anwesenden stattfinden – sei es traditionell und analog unter physisch Anwesenden oder, mit einigen Verlusten in den Möglichkeiten der gegenseitigen Wahrnehmung, in digitalen Formaten wie Online-Meetings. Das sorgt für Bedingungen der Entscheidungsfindung, die alles andere als flexibel sind. Luhmann beginnt mit einer banal klingenden Feststellung: »Es kann immer nur einer der Anwesenden auf einmal reden« (Luhmann, 1975, 3) – und das hat Folgen. Das Problem kennt jeder, der zu viele Meetings im Kalender hat. Was alle gleichzeitig schriftlich schicken könnten, wird in Interaktionen in eine zeitliche Abfolge gezwungen. Das macht die Kommunikation nicht flexibler, sondern anspruchsvoller: »Interaktionssysteme müssen sich bei höheren Ansprüchen auf innere Ordnung auf jeweils ein Thema konzentrieren, das im Zentrum gemeinsamer Aufmerksamkeit steht. Mehrere Themen können nur im Nacheinander behandelt werden. Die Beteiligten müssen ihre Beiträge auf das jeweils aktuelle Thema beschränken oder sie müssen versuchen, eine Themenänderung durchzusetzen« (ebd.). Interaktion zwängt ein, was kommuniziert werden kann. Egal ob bei der Morgenkonferenz, im Jour fixe oder einer beliebigen Sitzung: Es bedarf der Rechtfertigung, von den Themen, die besprochen werden sollen, abzuweichen. Die Situation »kann zu stillen Machtkämpfen, zu Kämpfen um den Mittelpunkt der Szene und um die Aufmerksamkeit der anderen führen. Es gibt schon auf der (...) Ebene elementarer Interaktion von Angesicht zu Angesicht keine Sozialsysteme mit gleichverteilten Chancen«, konstatiert Luhmann (Luhmann 1975, 3 f.).

Die Konkurrenz um das knappe Gut der Redezeit und die Versuche, gewünschte Themen durchzusetzen, lassen viel Raum für Dominanzspielchen, für Strategen der Selbstvermarktung und Virtuosinnen der Kunst der Situationsbeherrschung. Was Luhmann an anderer Stelle über das komplizierte Verhältnis zwischen formalen und informalen Rollen mit einem Stoßseufzer schreibt, gilt auch für das Konferenz-Theater der Organisation. Die Beschränkungen sozialer Beziehungen, gegen die sich die Organisation mit einigem Aufwand zu schützen versucht, kommen durch Interaktionen wieder in sie hinein. Das bringt allerlei Belästigungen mit sich – Selbstdarstellerei, lampenfieberbedingte Aussageverweigerung, taktvolles Zustimmen zu Unsinnigem, Allianzen aufgrund von Sympathie und das Gegenteil, themenunabhängiges Blockieren aufgrund persönlicher Ressentiments. Die Frage, wer wie und mit welchen Bedürfnissen an der Interaktion teilnimmt, verdrängt mitunter die Frage, was überhaupt das Thema der Interaktion ist. Wer öfter ergebnislose Meetings überstehen muss, die über weite Strecken den Selbstdarstellungsbedürfnissen einiger Beteiligter dienen, die jede Fragestellung als Einladung zu einem Auftritt im Theater der Organisation verstehen, kennt das Problem.

Wenn Organisationen trotz der bekannten Unzulänglichkeiten verstärkt auf Interaktionen als Entscheidungsmittel setzen, versuchen sie sich vor einem Entgleiten der Interaktion zu schützen. Dafür müssen sie diese verregeln und mit einem formalen Überbau versehen, der alle Anwesenden zu Disziplin zwingt. In der Folge engt das Regel-Korsett die Möglichkeiten einer offenen Diskussion ein. Die Entscheidungen werden vorher diskutiert und zumindest grob abgestimmt. Der Prozess der Entscheidungsfindung muss dennoch im Theater der Organisation als Interaktion aufgeführt werden, denn erst die Aufführung verschafft der Entscheidung die notwenige Legitimation. Und alle kennen ihre Rolle in dem Stück: Der Vorschlag wird eingebracht, erläutert, es gibt eine Diskussion, Pro und Contra werden ausgetauscht, obwohl alle Beteiligten

»Die Konkurrenz um das knappe Gut der Redezeit und die Versuche,- gewünschte Themen durchzusetzen, lassen viel Raum für Dominanzspielchen, für Strategen der Selbstvermarktung und Virtuosinnen der Kunst der Situationsbeherrschung.«

alle Argumente längst kennen. Auch wenn das Ergebnis schon vorher feststeht, wird schließlich abgestimmt. Man kennt solch eng verregelte Abläufe aus Interaktionsformaten wie Vorstands- und Ratssitzungen. Sie stehen sinnbildlich für traditionelle bis verstaubte Organisationen. Es ist insofern nicht ohne Ironie und etwas überraschend, dass der Rückgriff auf verregelte Interaktion wieder als modern gilt. Möglich wird das vor allem durch neue rhetorische Girlanden und Schlagworte, die das Comeback vertrauter Muster zumindest an der Oberfläche mit Neuigkeitswert versehen. Doch gibt es auch Varianten, die gänzlich neu sind. Die radikalste dürfte das Modell der Holacracy sein.

Holacracy: Unfälle im Kreisverkehr

Wir hatten die Gelegenheit, ein relativ kleines Benelux-IT-Unternehmen zu beobachten, das in seinem Wachstumsprozess von einem semibürokratischen Modell, in dem vieles, aber lange nicht alles verregelt war, zu einem holakratischen Modell gewechselt ist. Es schien den Gründern attraktiv, weil es anders als bürokratische Modelle ohne Hierarchie auskommen soll. Statt Abteilungen bildet die Organisation Kreise, die die Aufgaben der Organisation fortlaufend bearbeiten. Organisationsmitglieder gehören nicht zu einer bestimmten Einheit, sondern können bei Bedarf und je nach Qualifikation in jedem geeigneten Kreis eine Rolle einnehmen. Man berichtet im Kreis, wie die Arbeit läuft und meldet sogenannte »Spannungen«, wenn es zu Problemen kommt. Wie eine Abstimmung im Kreis abläuft, ist streng reglementiert (vgl.Robertson 2016).

Im Holacracy-Modell gilt das Prinzip: Etwas gilt als beschlossen, wenn keine »begründeten Einwände« vorgebracht werden – wobei wiederum präzise definiert werden muss, unter welchen Bedingungen Einwände als »begründet« gelten können (vgl. Robertson 2016, 109 ff.). Gegen die Entscheidung äußern darf sich nur, wer in seiner Arbeit, genauer: in seiner Organisationsrolle, von der Entscheidung betroffen ist. Das Ziel sind schnelle, klare und trotzdem konsensuale Entscheidungen und das Heraushalten persönlichen Unbehagens und anderer außerorganisationaler Vorbehalte aus dem Entscheidungsprozess. In der Folge wurde es für die Mitarbeiterinnen immer wichtiger, die eigene Arbeit in möglichst vielen Rollen zu beschreiben, um daraus bei Bedarf ein Mitspracherecht ableiten zu können. Jede neue Rolle und ihre Beschreibung müssen allerdings in der zugehörigen Software festgehalten werden. Auch das zählt zu den Paradigmen des Holacracy-Modells: Transparenz. Welche Arbeit auch immer getan wird, welche Kommunikationswege es gibt, wer wie mit wem zusammenarbeitet – alles soll für alle »einfach« nachzulesen und besonders für neue Mitglieder hilfreich sein. So weit die Theorie. In dem betrachteten Unternehmen hätte sich ein Neuling durch mehrere Hundert Seiten Kreis- und Rollenbeschreibungen kämpfen müssen – bei einer Organisationsgröße von gut 30 Mitarbeiterinnen und Mitarbeitern.

Genau zu definieren, dass nur konstruktive Wortbeiträge in die Interaktion kommen, wirkt zunächst einleuchtend. Eine derart rigide verregelte Interaktion ist aber eine Zumutung für die beteiligten Mitglieder. Es ist nicht erstaunlich, dass sie Strategien entwickeln, sich ihr zu entziehen. Die Treffen der Kreise wurden nicht mehr zur Diskussion, sondern nur noch für die Abhandlung der Formalitäten genutzt. Der Kreis im IT-Start-up war zum formalisierten Ritual geworden. Alles Wichtige wurde vor den Kreis-Treffen in ungezwungenen, informalen Interaktionen ausgehandelt, die keine Legitimation der Sprecher durch raffiniert aufgefächerte Rollen verlangen.

Mittlerweile hat sich das Unternehmen wieder vom Holacracy-Modell verabschiedet. Der Versuch, Interaktion ohne persönliche Selbstdarstellungen unter starker Verregelung zu organisieren, war für das Unternehmen ein Experiment, kein Weg in die Zukunft.

Die Kosten der ungeregelten Interaktion

Dass die Organisation in ihren formalen Abläufen so wenig Platz für ungeordnete Interaktion zulässt, wird vor allem in Personalabteilungen oft beklagt. Dagegen will man vorgehen, indem gezielt Raum dafür geboten wird. Das kann räumlich geschehen, etwa mit vielen Begegnungszonen, Kantinen, Cafés und Teeküchen, die zum Verweilen einladen; mit Plätzen, Innenhöfen, Gängen, auf denen sich Mitarbeiterinnen verschiedener Organisationseinheiten über den Weg laufen; notfalls mithilfe des guten alten Tischkickers oder der Afterworkparty aus der schon etwas abgestandenen Start-up-Folklore. Und es kann geschehen, indem die Organisation selbst solche ungeordneten Interaktionen initiiert.

Diese etwas paradox anmutenden Versuche der Organisierung des Ungeordneten beobachten wir seit einiger Zeit in vielen Unternehmen. Man schafft Interaktionsanlässe, die intendiert offengelassen und nur diffus unter einen Anlass gestellt werden. Die Initiatoren solcher Formate, oft sind es die HR-Verantwortlichen, versprechen sich davon vielfältige Effekte. Die Mitglieder sollen miteinander persönlich bekannt werden, um so im Arbeitsalltag eventuell mehr füreinander zu tun, als sie rein formal-kollegial müssten. Man hofft auf Vernetzungseffekte, wenn in einem informalen Rahmen Gespräche jenseits der reinen Zweckkontakte zustande kommen. Es soll leichter sein, sich offen zu äußern, wenn nicht Agenda und Vorgesetzte die Inhalte der Interaktion bestimmen.

Das ist ohne Frage gut gemeint. Aber Versuche, mit Mitteln der Formalität Situationen informaler Nähe herzustellen, haben immer etwas Künstliches. Oben haben wir beschrieben, dass die in informaler Illegalität gegrillte Pferdewurst für die Gruppenzusammengehörigkeit und das offene Gespräch unter Kumpels weit wirkungsvoller ist als das angeordnete und gefürchtete »Come together in lockerer Atmosphäre«. Spätestens wenn Formate der von der Organisation veranlassten offenen Interaktion zulasten des eigentlichen Organisationszwecks gehen (beispielsweise Autos zu bauen, Verwaltungsvorgänge abzuschließen, Akten zu prüfen oder Computerspiele zu entwickeln), kann es unerfreulich werden. Das gilt erst recht, wenn sich das Unternehmen von Formaten ungeregelter Interaktion etwas verspricht, was sie nicht leisten können – zum Beispiel die Entwicklung wegweisender Ideen für die Zukunft des Unternehmens.

Wie das schiefgehen kann, konnten wir bei einem deutsch-dänischen Zulieferer für Industriemaschinen beobachten. Das Unternehmen hatte alle Beschäftigten des Hauptwerks zu einem Workshop eingeladen, in dem ganz offen, über alle Hierarchiestufen hinweg, die Neuausrichtung des Unternehmens diskutiert werden sollte. Wie man uns mitteilte, war die Bereitschaft zur Teilnahme zu Beginn überwältigend. Das ist nicht überraschend: die Firmenangestellten hatten die Wahl, entweder ihrer täglichen Arbeit in den Werkhallen und Büros nachzugehen oder gemeinsam vor Whiteboards zu stehen und über neue Arbeitsbedingungen zu diskutieren.

Problematisch wurde es, als das Programm in die zweite Runde ging. Die Mitarbeiterinnen und Mitarbeiter, die weiter über der Neuausrichtung des Unternehmens nachdenken wollten, fehlten auf ihren regulären Arbeitsplätzen. Dadurch stauten sich ihre unerledigten Aufträge.

Offene Workshop-Formate können zeitaufwendig sein, auch weil sie die ganze Last von Takt, Selbstdarstellungsbedürfnissen und elementaren Verhaltensweisen tragen. Plaudertaschen zu sagen, dass sie sehr viel reden und sehr wenig sagen, ist eine Taktlosigkeit, die besondere Fähigkeiten oder Privilegien erfordert. Wer unter Gleichen darauf hinweist, dass einer der Anwesenden die Nerven und die Geduld der anderen etwas zu sehr strapaziert, riskiert das Scheitern der ganzen Interaktion, inklusive des Achtungsverlusts des Zurechtgewiesenen. Privilegien ergeben sich zum Beispiel aus persönlichem Bekanntsein. Teammitglieder auf Ausrutscher ihrer überbordenden Selbstdarstellung hinzuweisen kann als kollegiale Hilfe aufgefasst werden – solange es taktvoll geschieht und den Betreffenden erlaubt, ihr Gesicht zu wahren. Ein anderes Privileg ist die gehobene Position in der Hierarchie der Organisation. Nutzt man es, um Ausreißer zur Ordnung zu rufen, holt man die formale Hierarchie in die ungeregelte Interaktion, die ja gerade jenseits der hierarchischen Ordnung zu zwangslosem Austausch animieren soll. Wer in der ungeregelten Interaktion einmal die Vorgesetzte gegeben hat, wird es für den Rest der Veranstaltung bleiben, mit allen daraus resultierenden Reserven der anderen gegenüber ihrer Person. Nach dem ersten Eingriff in die ungeordnete Interaktion kann die zurechtweisende Vorgesetzte mit der Erwartung rechnen, fortan die Veranstaltung zu moderieren.

Ungeordnete Interaktion zu ordnen widerspricht offenkundig dem Ziel des Formats. Ungeordnete Interaktion ungeordnet sich selbst zu überlassen mag für die Beteiligten eine interessante Erfahrung und unterhaltsamer als ein Tag in der Werkhalle sein. Für die Organisation, in diesem Fall den Maschinenhersteller, sind die Ergebnisse eines Workshops in ungeordneten Interaktionen vor allem eines: unbrauchbar. Damit hat sich die Organisation eine undankbare Aufgabe beschert. Nachdem ihre Mitglieder auf ihre Einladung vor großem Publikum ausgebreitet haben, was sie in der Organisation beschäftigt und was sie darüber denken, wie ihre Probleme zu lösen wären, muss die Organisation ihnen mitteilen, dass das ja alles schön und gut, aber leider unbrauchbar ist. Wir waren für diese Gespräche nicht mehr vor Ort, aber wie uns mitgeteilt wurde, »ist das natürlich nicht schön, Leuten zu sagen, dass ihre Ideen jetzt doch nicht zum Zuge kommen«.

Das ist eine der großen Gefahren dieser Form von Interaktion: Sie kann zur Falle für die Organisation werden, wenn die Einladung, alle könnten sich unabhängig von ihrer Stellung in der Hierarchie beteiligen, als die Mitteilung missverstanden wird, sie könnten mit ihren Ideen die Organisation mitgestalten. Nicht nur weil in solchen Workshops völlig gegensätzliche Probleme und Lösungen beschrieben werden, ist das unmöglich. Wer nach seiner persönlichen Meinung gefragt wird, um nach ihrer Äußerung zu hören, dass diese Meinung geschätzt, aber vorerst nicht berücksichtigt wird, erlebt das als persönliche Zurückweisung. Was den Zusammenhalt und die Identifikation mit der Organisation befördern sollte, droht ins Gegenteil zu kippen und die Mitglieder zu einer zynischen Haltung gegenüber der Organisation zu erziehen.

Interaktionen in Organisationen müssen immer die Last ertragen, nicht nur das Thema, sondern auch die Darstellungsbedürfnisse der Personen zu transportieren. Regellosigkeit in Interaktionen ist keine Befreiung für Mitglieder: Es zwingt sie, ihre eigene Darstellung und die ihres Gegenübers noch viel stärker zu beachten. »Einfach mal drüber reden« bringt also keine Lösungen, sondern vor allem: Enttäuschung.

DAS THEATER DER ORGANISATION (UND DIE ORGANISATION DES THEATERS)

WIESO BÜROS, WERKHALLEN UND KONFERENZRÄUME BÜHNEN SIND (UND BÜHNEN ORGANISATIONEN)

Wir sind in den vorigen Kapiteln immer wieder Szenen begegnet, die an Theateraufführungen erinnern – von den Schaukämpfen in der Meeting-Manege und der Selbstdarstellungs-Performance bis zu den Versteckspielen der brauchbaren Illegalität oder dem als Demütigungs-Ritual benutzten Coaching. Man tut, was die Situation verlangt – und oft genug verlangt sie ein So-tun-als-ob und eine Theater-Darbietung, die ihrer eigenen Dramaturgie folgt. Anders als das Theater, das im Theater stattfindet, kommt das Theater der Organisation ohne Zuschauer aus, zumindest ohne externe Zuschauer. Das Publikum besteht (wie in Brechts Lehrstück-Theorie) aus den Mitspielerinnen und Mitspielern. Im Gegensatz zum modernen Regietheater werden die Aufführungen, die in Büros, Werkhallen, Konferenzräumen oder Teeküchen stattfinden, nicht geprobt. Stattdessen sorgen wiederkehrende Standardsituationen des Rollen-Zusammenspiels für eine gewisse Routine. Der Soziologe Erving Goffman verweist für dieses erprobte Zusammenspiel im Theater der Organisation, in dem jeder seine Rolle und die an sie gerichteten Erwartungen kennt, auf ein besonders schönes Beispiel: »Anscheinend führen auch mitfühlende Patienten in Nervenheilanstalten gelegentlich übersteigerte Symptome vor, um Schwesternschülerinnen nicht zu enttäuschen« (Goffman 1983, 20).

Wer sich in der Organisation bewegt, braucht Theaterkompetenz. Sie hilft zumindest, vieles besser zu verstehen: die Selbstdarstellungsbedürfnisse und ihre Anerkennung oder Verweigerung in der Interaktion, das bewusste Übergehen des Offensichtlichen, aber Unpassenden im taktvollen Verhalten, die »Kommunikation außerhalb der Rolle« (vgl. Goffman 1983, 153 ff.), der Auftritt der Chefin vor dem Publikum ihrer Untergebenen, die ständigen Wechsel zwischen Formalität und Informalität. Zahlreiche Begriffe, die wir in der Organisationsbeobachtung benutzen, erinnern an Theater (und werden so oder ähnlich auch im Theater verwendet): Rolle und Rollenwechsel, Situationskontrolle und Situationsdeutung, Ausdruckskontrolle, »indirekte Kommunikation« (vgl. Luhmann, 1964, 363 ff.), Zeremoniell und Respektgesten. Diese Theater-Analogie ist kein Zufall. Luhmann geht so weit, die »Beherrschung der Darstellungskunst« eine »bürokratische Tugend« zu nennen (Luhmann 1964, 295). Besonders gefordert sind diese Darstellungskünste bei der in der Organisation unvermeidbaren »Dissoziierung von formalen und informalen Situationen«. Sie erzwingt und ermöglicht den ständigen Wechsel zwischen formaler und informaler Rolle. Die Virtuosen des Rollenwechsels nehmen »formale Vorschriften und ihr Verhaltenszeremoniell taktisch«. Sie müssen »nicht mehr an ihrem unmittelbaren Sinn kleben, aber auch nicht dagegen revoltieren«, sondern praktizieren »formales Verhalten als eine Veranstaltung (…), die in bestimmten Situationen angebracht und nützlich, in anderen fehl am Platze ist«. Die Beherrschung dieses elastischen Umgangs mit der Formalität je nach Situationsdeutung kann das Dasein in der Organisation ungemein erleichtern. Im Zweifel wird das formal Korrekte, das, »was sein sollte, (...) nur noch um der Erscheinung willen gepflegt« (ebd.) – ein entleertes Ritual, dessen einziger Zweck in der Demonstration der Anerkennung der Formalstruktur besteht. Für Luhmann ist dieses Theater der Organisationsmitglieder gleichzeitig das Produkt der Organisation und ihr »Dauerproblem«. Allein durch Vorschriften, die nur zu raffinierteren Theater-Varianten führen, lässt es sich nicht beheben. Der erfahrene Verwaltungsjurist Luhmann konstatiert die Wirkung erfolgreicher Schauspielkünste: »Es ist daher kein Wunder, dass in formalen Organisationen Menschen zu Ansehen und Einfluss gelangen, die diese Voraussetzungen erfüllen, wie immer sonst es mit ihrem Charakter und ihrem Sachverstand bestellt sein mag« (ebd.).

Was nicht passt, wird passend gemacht: Gewindebohrer

Das folgende Fallbeispiel zeigt in schöner Deutlichkeit die Handlungslogiken im Theater der Organisation mit seinen virtuosen Rollenspielen und verfeinerten Routinen im Unterlaufen der Regelwerke. Es stammt anders als die anderen Fallbeispiele in diesem Buch nicht aus unserer beruflichen Praxis, sondern aus der Forschungsliteratur (Bensman/Gerver 1963, dt. 1973). Die Wissenschaftler haben 1954 die Arbeit in einer Flugzeugfabrik in New York untersucht und dabei den brauchbar illegalen Einsatz von Gewindebohrern in der Endmontage der Landeklappen beobachtet. Der Gewindebohrer wird benötigt, wenn Schraubverbindungen nicht exakt in die vorhandenen Gewinde passen. Die improvisierte Gewindebohrung korrigiert kleine Ungenauigkeiten des Werkstücks in der Montage. Das verstößt gegen die technischen Standards des Unternehmens und ist in der Fabrik streng verboten. Der Kunde, die Luftwaffe, toleriert keine Abweichung von den Originalverbindungen. Die Sanktionen sind hart: Schon das Mitführen eines Gewindebohrers am Arbeitsplatz kann zur fristlosen Kündigung führen. Trotzdem benutzen die meisten Mechaniker in der Endmontage regelmäßig ihre Gewindebohrer. Der Einsatz des Werkzeugs kaschiert (zulasten der Produktqualität) die nicht hinreichend präzise Fertigung. Die brauchbar illegale Gewindebohrer-Praxis kann theoretisch legalisiert werden. Korrekturen mit dem Gewindebohrer sind in Ausnahmen, mit Genehmigung der Ingenieure und sorgfältiger Dokumentation gestattet. Das dauert allerdings mehrere Tage, es erfordert bürokratischen Aufwand und wird von den Vorarbeitern und Arbeitern vermieden.

Beim Umgehen der mehrstufigen Kontrollen und der Simulation von Regeltreue kommt das Theater der Organisation mit allen Raffinessen zum Einsatz. Die Inspektoren der Luftwaffe, der Endkundin, prüfen die Werkstücke und die Arbeitsabläufe. Sie können Werkteilen die Abnahme verweigern. Das ist teuer und aufwendig für das Unternehmen und kann zu harten Sanktionen gegenüber den für die Fehler verantwortlichen Mitarbeitern führen. Aber die Fertigung in der Endmontage mit 2.000 Arbeitern wird nur von zwei Luftwaffen-Inspektoren kontrolliert. Die Arbeiter positionieren in den Werkhallen Wachen, wenn illegal mit dem Gewindebohrer gearbeitet wird, sodass sie rechtzeitig vor den Kontrolleuren gewarnt sind. Der kollektive Schutz der brauchbaren Illegalität ist eingeübte Routine. Ist der Luftwaffen-Inspektor in der Nähe, achten die Vorarbeiter darauf, dass ihre Arbeiter herumliegende Gewindebohrer verschwinden lassen. Der Vorarbeiter wechselt von der formalen Rolle (in der er Regeltreue gewährleisten und die Arbeiter kontrollieren und anleiten muss) schnell in die informale Rolle, die illegale Praxis gegen mögliche Störungen und Sanktionen abzusichern. Die Kontrolleure der Luftwaffe werden eindeutig als Gegner betrachtet.

Die 150 Werks-Inspektoren in der Endmontage sind anders als die Luftwaffen-Inspektoren beim Unternehmen angestellt, nicht bei seinem Kunden. Auch sie kontrollieren die Qualität der Werkstücke und die Arbeitsabläufe. Aber anders als die Luftwaffen-Inspektoren pflegen sie ein kollegiales Verhältnis zu den Arbeitern. Man hilft sich gegenseitig und ist zur Arbeitserleichterung aufeinander angewiesen. Weil die Meldung eines Gewindebohrer-Einsatzes für den betreffenden Arbeiter schmerzhafte Sanktionen zur Folge hat, umgehen die Werks-Inspektoren sie im Interesse des kollegialen Verhältnisses nach Möglichkeit. Sie sehen gezielt weg. Die Arbeiter wissen, wie sie den Werks-Inspektoren das Wegsehen erleichtern und dass diese das von ihnen erwarten. »Es ist allgemeine stillschweigende Übereinkunft, dass Arbeiter den Gewindebohrer nicht in Anwesenheit der Werks-Inspektoren benutzen« (Bensman / Gerver 1973, 130). Die Werks-Inspektoren fordern die Arbeiter explizit auf, beim Gewindebohrer-Einsatz diskret vorzugehen und darauf zu achten, dass sie dabei nicht in der Nähe sind: »Schaut vorher herum, überzeugt euch, dass ich weg bin.« (ebd.). Und umgekehrt: Arbeiter, die ihren Gewindebohrer benutzen wollen, bitten die Werks-Inspektoren, sich zu entfernen: Schau, dass du hier wegkommst, ich habe Arbeit zu tun und ich kann sie nicht tun, während du da herumstehst.« (ebd.). Alle wissen, was gespielt wird. Sie wissen, wie sie Regelbrüche verbergen und wann sie wem gegenüber so tun müssen, als wäre ihr Verhalten regelkonform. Arbeiten neue Kollegen zu offen und unvorsichtig mit dem Gewindebohrer, werden sie von den Vorarbeitern und Werks-Inspektoren zusammengestaucht, aber nicht gemeldet. Die Drohung, dass sie beim nächsten Mal mit der Kündigung rechnen müssen, meint nicht beim nächsten Gewindebohrer-Einsatz, sondern das nächste Mal, wenn sie so ungeschickt sein sollten, sich dabei erwischen zu lassen. Vorarbeiter, die neue Arbeiter einweisen, erklären ihnen die Feinheiten und den Nutzen der Arbeit mit dem Gewindebohrer – und machen ihnen gleichzeitig klar, dass sein Besitz und Einsatz offiziell streng verboten sind.

Die Praxis brauchbarer Illegalität muss durch eine kollektive Theateraufführung abgesichert werden. Es ist ein Ensemblestück, in dem jeder seine Rolle kennt: der vom Vorarbeiter mit dem Gewindebohrer ausgerüstete und gleichzeitig gewarnte Arbeiter; der Vorarbeiter und die Arbeiter, die aufpassen, dass sich kein Luftwaffen-Inspektor nähert, wenn ihre Kollegen mit dem Gewindebohrer arbeiten; der Werks-Inspektor, der wegsieht oder bei Bedarf gegenüber Neulingen aus erzieherischen Gründen und zum Training konspirativen Verhaltens deutlich wird. Der Werks-Inspektor, der die Arbeitsabläufe kontrolliert, kennt seine Rolle, wenn die Arbeiter und Vorarbeiter ihre kleine Scharade vor ihm aufführen: Er muss so tun, als

»Der Werks-Inspektor, der die Arbeitsabläufe kontrolliert, kennt seine Rolle, wenn die Arbeiter und Vorarbeiter ihre kleine Scharade vor ihm aufführen: Er muss so tun, als wüsste er nicht, was er weiß.«

wüsste er nicht, was er weiß. Nicht die brauchbar illegale Praxis wird in diesen gut eingespielten Theateraufführungen als Problem behandelt, sondern das Risiko ihrer Entdeckung und ein möglicher Mangel an Geschicklichkeit, sie zu verbergen.

Method-Acting: Wer bin ich?

Nicht nur beim Tricksen und Täuschen zum eleganten Unterlaufen der Formalstruktur sind Schauspielkünste gefragt. Die Schnittstellen zwischen dem Theater, das im Theater stattfindet, und dem Theater der Organisation sind beim zentralen Thema dieses Buches besonders auffällig: die Unterscheidung zwischen der Person und ihrer Mitgliedsrolle. Theaterpraktiker wie der russische Regisseur Konstantin S. Stanislawski (Stanislawski 2011) oder Lee Strasberg, der Erfinder des »Method Acting« und Lehrer von Marlon Brando, Marilyn Monroe und Robert De Niro, haben Techniken der Einfühlung des Darstellers in die gespielte Figur verfeinert. Regisseure und Theatertheoretiker wie Brecht (vgl. z. B. Brecht, 1939–1955) oder René Pollesch (vgl z. B. Pollesch 2012) entwickelten Strategien, die Distanz des Spielers zu seiner Figur zu betonen oder gleich ganz auf geschlossene Rollen-Identitäten zu verzichten und die Spieler einfach als Spieler auftreten zu lassen. Das nicht ganz unkomplizierte Spannungsverhältnis zwischen Darsteller und Darstellung steht im Zentrum einflussreicher Theatertheorien und Richtungskämpfe der jüngeren Theatergeschichte (vgl. z. B.: Jens Roselt 2009).

Schon deshalb ist der Blick auf das Theater des Theaters für die Darstellungspraktiken im Theater der Organisation ergiebig. Deutlich wird zum Beispiel, dass es gute Gründe geben kann, Ideologien des Authentischen nicht übertrieben ernst zu nehmen. Niemand ist auf der Bühne nur sie oder er selbst – sei es auf der Bühne des Theaters oder im Theater der Organisation. Wer auftritt, wird zur Bühnenfigur und agiert in Rollen – und sei es die Rolle der eigenen, öffentlichen Person. Erst der Abstand von der eigenen Privatperson versetzt im Rollenspiel des Theaters friedliche Menschen in die Lage, sich für zwei, drei Stunden zum Beispiel in den rasenden Eifersuchtsmörder Othello oder die Kindsmörderin Medea zu verwandeln. Wohlsituierte, im Privatleben mehr oder weniger zurechnungsfähige Staatstheaterschauspieler können einen Halbwahnsinnigen aus der Unterschicht namens Woyzeck oder einen Serienkiller namens Richard III. geben ohne befürchten zu müssen, verhaftet oder in die Psychiatrie eingewiesen zu werden. Der Wechsel vom privat umgänglichen Herrn Müller zum peniblen Rechnungsprüfer Müller im Konzern-Controlling oder bei der Steuerfahndung folgt einem ähnlichen Muster, wenn auch zu anderen Zwecken und in der Regel mit bescheideneren Gefühlsamplituden – auch die Emotionsabkühlung gehört zu Herrn Müllers Organisationsrolle.

Der Wechsel von der Privatperson zur Bühnenfigur, die Grundverabredung des Theaters, gilt auch, wenn zum Beispiel der Schauspieler Niels Bormann am Berliner Maxim Gorki Theater 2014 in Falk Richters Inszenierung von »Small Town Boy« scheinbar privat wird (»Ich bin der Niels«) und detailfreudig von seinem Liebesleben berichtet. Auch wenn jedes Wort stimmt, ist die Situation nicht privat und der Bühnen-Bormann nicht der private Bormann, sondern ein Schauspieler bei der Arbeit. Was er von sich preisgibt, ist geprobt, inszeniert und auf Bühnenwirkung kalkuliert. Alles, was er macht, macht er, um gesehen zu werden (und um seinen Arbeitsvertrag zu erfüllen). Gerade indem der Schauspieler so tut, als seien seine intimen Bekenntnisse kein Theater, sondern »echt«, spielt er mit der Bühnensituation und nutzt sie für seinen Auftritt. Erst dieser Schutz schafft den Rahmen für das Spiel mit der Selbstentblößung. Auf der Bühne gilt die berühmte Formel von Rimbaud »Ich ist ein anderer.« Diese Abspaltung von der Privatperson hat, mit anderem Vorzeichen und zu anderen Zwecken, zumindest Parallelen zur professionellen Freundlichkeit von Servicekräften (auch wenn sie um das Wechselspiel zwischen Rolle und Person weniger Aufhebens machen als aufmerksamkeitsfixierte Schauspielerinnen und Schauspieler). Je unangenehmer ein Kunde, desto eiserner oder herablassender wird gelächelt. Die Rolle wird zum Panzer, der die Person dahinter schützt: Der unhöfliche Kunde kann mich gar nicht beleidigen, weil er nur mit meiner Dienstleisterfassade spricht. Auch hier gilt: Ich ist ein anderer oder eine andere.

Die Trennung zwischen Person und Rolle ist im Theater wie auf andere Weise in der Organisation zwar notwendig, aber nicht undurchlässig und hermetisch abgedichtet. Die Rolle macht etwas mit ihren Darstellerinnen und Darstellern. Wer auf der Bühne einen Tobsuchtsanfall hinlegt, ist hinterher heiser und voller Adrenalin. Wenn eine Aufgabe den Schauspieler heillos überfordert, kann man ihm dabei zusehen, wie er zappelt und versucht, sich irgendwie aus der Affäre zu ziehen. Wer in Organisationen arbeitet, kennt den Anblick der von ihrer Aufgabe überforderten Kolleginnen, Mitarbeiter oder Vorgesetzten. Weil die Überforderung durch die gestellte Aufgabe zumindest bei Theaterproben interessante Spannungen, Kontrollverluste oder komische Effekte freisetzen kann, setzen manche Regisseure sie mitunter gezielt ein. Ein früher weitverbreiteter, leicht sadistischer Regiestil, der die Lautstärke der Regieanweisung mit Intensität und die persönliche Beleidigung mit Motivation verwechselte, ist heute eher die Ausnahme. Menschenfreundlicher ist es, Darstellerinnen und Darstellern die Freiheiten und Hilfestellungen zu geben, an ihren Rollen zu arbeiten und mit ihnen zu wachsen. Beides hat Parallelen zu mehr oder weniger gelungener Personalführung in Unternehmen.

Umgekehrt machen Darstellerinnen und Darsteller auch jede Menge mit ihren Rollen (manchmal auch jede Menge Unsinn). Schließlich werden die Figuren erst durch sie in jeder Vorstellung neu realisiert. Die Rollendarstellung ist von den Eigenarten der Darstellerin, des Darstellers mindestens so abhängig wie diese im Spiel von den Eigenarten der Rolle abhängig sind. Schauspielerinnen wie Sophie Rois oder Fabian Hinrichs treten, egal in welcher Rolle, immer sehr unverkennbar und mit allen markanten Eigenarten als Sophie Rois oder Fabian Hinrichs auf. Ihr Personalstil macht einen erheblichen Reiz ihrer Auftritte aus. Sie begegnen ihren jeweiligen Rollen, um mit ihnen zu machen, was sie wollen. Wenn Martin Wuttke Herrn Faust 2017 in einer Inszenierung von Frank Castorf spielt, liegen Welten zwischen seiner Figur und dem Faust, den Bruno Ganz 2000 in einer Inszenierung von Peter Stein gespielt hat, von Will Quadfliegs Faust in Gustaf Gründgens Inszenierung von 1960 mal ganz zu schweigen. Übersetzt in die Welt der Organisation und die Sprache der Organisationssoziologie, ist die Erklärung dafür, dass es nicht egal ist, wer den Faust spielt, eher trocken: Personen sind Entscheidungsprämissen.

Das unaufhörlich oszillierende Wechselspiel zwischen Darstellerin und Darstellung lässt sich im Theater für allerlei Doppelbödigkeiten, Irritationen, Überraschungen, Rollenausdeutungen und Rollenmissdeutungen und für immer neue Entdeckungen bekannter Klassiker und menschlicher Eigenarten nutzen. Großer Spaß. Der kleine Grenzverkehr zwischen Person und Rolle ist auf der Bühne schillernd und mindestens doppelbödig. Er lässt sich ironisch ausstellen (mit der Haltung: »Schon klar, die Figur, die ich spiele, ist ein Idiot ...«), im Spiel distanzierend kommentieren (Brecht hat daraus eine ganze Theorie der Verfremdungseffekte konstruiert) oder als irritierende Kippfigur benutzen (Waren der Ausraster und die Ohrfeige jetzt echt oder gespielt?). Die Rolle lässt sich bei Bedarf und hoffentlich mit dem nötigen Talent in Identifikationsmunition verwandeln, in der Hoffnung, dass im Versuch der völligen Verschmelzung zwischen Darsteller und Darstellung (»Ich bin Hamlet, ich fühle es.«) die Grenze verschwimmt und eine besondere Wahrheit sichtbar wird, und sei es nur die Banalität, dass jeder Biedermann zum Mörder werden kann. Wie viele Ehescheidungen das bei Method-Acting-Schauspielerinnen und -Schauspielern, die es mit ihren Strindberg-Figuren übertrieben, zur Folge hatte, ist nicht bekannt. Die Parallelen zu den Kollateralschäden der Fortsetzung von Organisationsrollen in das Dasein außerhalb der Organisation, etwa bei Vorgesetzten, die auch im Privatleben den Chef spielen wollen, sind offenkundig.

Das variantenreiche Spiel des Theaters mit der Trennlinie zwischen Person und Bühnenfigur ist mehr als ein ästhetischer Reiz. Der Regisseur René Pollesch setzt es raffiniert als Erkenntnisinstrument ein. Er wird misstrauisch, wenn Schauspielerinnen und Schauspieler in Gefühlen baden und im Illusions- und Einfühlungstheater mit ihren Rollen-Figuren verschmelzen wollen. Allen Behauptungen eines ungebrochenen, authentischen, »echten« Gefühls misstraut der Regisseur ohnehin. So ziemlich die schlimmste Verhöhnung im Pollesch-Theater lautet: »Authentische Kühe«. Der Regisseur kann dieses Misstrauen gegenüber vermeintlich »natürlichen« Gefühlen und ihrer angeblich »authentischen« Darstellung gut begründen. Zum Beispiel damit, dass Gefühlsäußerungen immer sozial codiert sind und die Selbst- und Fremdwahrnehmungen in einer heteronormativen Umgebung von heteronormativen Skripts und Klischees geformt werden. Interessant für die Organisations-Beobachtung wird es, wenn Pollesch sich gängigen Selbstverwirklichungsversprechen (in seiner Sicht eher Selbstverwirklichungsimperativen) widmet. Das gilt etwa für die Rhetorik, der wir im Einleitungsteil dieses Buches bei der Kaffeehaus-Kette Starbucks begegnet sind, die ihre Servicekräfte ermutigt, »ihr ganzes Selbst zur Arbeit zu bringen«. In den Nuller-Jahren, zur Blütezeit der Start-up-Kultur mit Tischfußball auf der Büroetage, informellen Umgangsformen und flachen Hierarchien, dafür ohne Betriebsrat, hatte eine Rhetorik Konjunktur, die Arbeit zur Fortsetzung von Spiel, Spaß und persönlicher Weiterentwicklung verklärte. Pollesch konnte in den Aufforderungen, sich bitte als ganzer Mensch mit aller Subjektivität in den Büroalltag einzubringen, statt einfach nur die Arbeitskraft zu verkaufen, kein Freiheitsversprechen entdecken, im Gegenteil. Wenn er in diesen Jahren Theaterklischees vom Künstlergenie, das sich ganz in seiner Bühnenrolle auslebt, demontierte, waren die Parallelen zu Start-up-Kultur und Unternehmen, die ihre Mitarbeiter aufforderten, »ihr ganzes Selbst zur Arbeit zu bringen«, unübersehbar.

»Theater machen besitzt ja bekanntlich einen hohen Grad an Selbstausbeutung, das mit bestimmten Images vom Künstler zu tun hat und mit Vorstellungen von Selbstverwirklichung in Verbindung mit Arbeit«, erklärt der Regisseur (Pollesch 2001, 331). Sein Misstrauen gegenüber naiv romantischen Künstler-Bildern setzte sich im Misstrauen gegenüber den nicht weniger naiven Erwartungen fort, dass in Dienstleistungsunternehmen oder der Kreativbranche aus Angestellten Selbstverwirklichungs-Künstler werden. Polleschs Theater, das sich an der Frage abarbeitet, wer überhaupt auf der Bühne steht und was dabei wie repräsentiert wird, wo die Lügen der Einfühlung und der Kitsch anfangen, wenn ein Schauspieler zum Beispiel einen Obdachlosen spielt, und weshalb eine Schauspielerin sich nicht mit der Bühnenfigur identifizieren muss, die sich ein Dramatiker ausgedacht hat, dieses Theater reagierte in den Nuller- und Zehner-Jahren präzise wie ein Messinstrument auf die Arbeitswelt der Start-ups und Dienstleistungsunternehmen. Wer die Pollesch-Inszenierungen dieser Jahre gesehen hat, wird vieles von dem, was dort verhandelt wurde, in diesem Buch wiedererkennen. Dass eine avancierte ästhetische Theorie und Theaterpraxis mit ihrer Polemik gegen das Einfühlungstheater und seine Ideologie des Authentischen auf das Realgeschehen in Unternehmen reagiert, verweist auf das Identifikationstheater, das in diesen Unternehmen aufgeführt wird: Sei im Job ganz du selbst.

Der Pop-Theoretiker Diedrich Diederichsen, ein großer Pollesch-Fan, diagnostiziert den »epochalen Wechsel«, auf den Polleschs Theater nach seiner Ansicht reagiert, etwas steil als »Übergang von der Disziplinar- zur Kontrollgesellschaft, von der Dominanz fordistischer zu postfordistischer Produktion, von Repression zu Zwangspartizipation, von sedierender Passivisierung durch Konsum und Massenkultur zu aktivierender Überidentifikation mit McJob und interaktiver Massenkultur, von Rollenspielenmüssen zu Authentischseinmüssen, vom externen Befehl zum internen Befehl« (Diederichsen 2012, 9). In der Vermutung, dass der Wechsel von »Rollenspielenmüssen zu Authentischseinmüssen« nicht ganz unproblematisch ist, sind Polleschs Theater und Diederichsens Pollesch-Interpretation anschlussfähig an unsere Organisationsbeobachtung.

Der Wechsel vom »Rollenspielenmüssen« zum »Authentischseinmüssen« kann natürlich auch als Befreiung missverstanden werden. Auch dafür finden sich erfrischend deutliche Beispiele im Theater, wenn Schauspielerinnen für sich das Recht einfordern, die Berufsausübung in Selbstverwirklichung zu überführen (vgl. Kühl / Laudenbach 2019). Es ist nicht ohne Ironie, wenn Schauspielerinnen und Schauspieler die Verwechslung von Person und Organisationsmitglied mit ideologischer Überhöhung zu einer Anspruchshaltung gegen die Organisation und ihre Ansprüche machen. Sie versehen die »New Work«-Versprechen sinnerfüllter Arbeit mit theatertypischen Zuspitzungen und nutzen sie als Einladung zur Selbstermächtigung. Aus der Aufgabe, sich Rollen und Bühnenfiguren zu erarbeiten, wird die Forderung, die Rollenangebote hätten sich an die Darsteller und ihre Weltsichten anzupassen. Regisseure berichten von Schauspielerinnen und Schauspielern, die sich weigern, bestimmte Szenen oder Rollen zu spielen, weil sie sich nicht mit ihnen identifizieren können und etwa die in ihnen gezeigte Gewalt oder Geschlechterklischees ablehnen. Man kann zumindest fragen, ob unter diesen Bedingungen etwa die gewalthaltigen Werke

Shakespeares oder Kleists noch spielbar sind – und ob das eher einen Verlust oder einen Gewinn für das Theater darstellt.

Die Annahme, dass Schauspiel mit Spiel zu tun haben könnte, wird durch den Anspruch des Authentischseinmüssens ersetzt. »Das Ausfüllen einer Figur interessiert mich nicht. Da ist immer die Frage: ›Was bin ich in dieser Figur‹«, sagt etwa die Schauspielerin Linda Pöppel in einem Interview mit der Fachzeitschrift »Theater heute« (alle Zitate der Schauspielerin: Buckhardt 2019). Die Schauspielerin war zum Zeitpunkt des Interviews Ensemblemitglied am Deutschen Theater Berlin, einem der großen Schauspielhäuser des Landes. Ihre Haltung dürfte im Theaterbetrieb nicht als besonders exzentrisch oder radikal gelten. »Stücke und Themen« will Pöppel als »Ausgangspunkt begreifen, Material, sich vom eigenen Adrenalin auch überraschen zu lassen, einfach loszulegen.« Damit dreht die Schauspielerin die Zweck-Mittel-Relation um. Adrenalin und Ausdrucksmöglichkeiten der Darstellerin dienen nicht mehr der Rollengestaltung, umgekehrt soll die Rolle zur Startrampe der Eigendynamik des Spiels werden und der Ausschüttung körpereigener Drogen dienen. Altmodischer Ballast wie die Auseinandersetzung mit Stücken, Rollen und Mitspielern könnte dabei eher lästig sein. Pöppels Position ist klar: »Die Arbeitsgrundlage ist: mich selber einzubringen.« Die Aufführung wird so zum Anlass und zur Bühne des Sich-selber-Einbringens, dem das Publikum aus reiner Großzügigkeit beiwohnen darf. Damit wird auf interessante Weise die Übergriffigkeit gieriger Organisationen gegenüber Personen umgedreht zur nicht weniger rücksichtslosen Anspruchshaltung der Person gegenüber der Organisation.

FASSADEN ARBEITEN

WIESO DIE SCHAUSEITE GLÄNZEN MUSS – UND WAS DABEI SCHIEFGEHEN KANN

Nicht nur ihre Mitglieder, auch die Organisation selbst versteht sich auf die Kunst der Außendarstellung. Sie trennt scharf zwischen Vorderbühne und Hinterbühne. Alles, was sie der Öffentlichkeit willentlich von sich preisgibt, überprüft sie auf Publikumstauglichkeit. Was dafür nicht geeignet ist, bleibt besser hinter der Schauseite verborgen. Dafür sind nicht einmal böse Absichten oder finstere Geheimnisse nötig. Wenn Unternehmen, Vereine, Gewerkschaften, Verwaltungen dazu genötigt sind, gegenüber Außenstehenden ihre Ziele zu benennen oder ihre Entscheidungen zu begründen, äußern sie sich anders als in internen Auseinandersetzungen. Der Opportunismus ihrer Außendarstellung ist funktional. Eine gut gepflegte Fassade, die der Organisation neugierige Fragen aus der Umwelt vom Leib hält, ist im Interesse der Organisation und ihrer Mitglieder. Sie schützt die internen Abläufe vor externen Irritationen. Zur Abschirm-Funktion der Schauseite kommt ihre diplomatische Funktion gegenüber der Organisations-Umwelt.

Wie sich eine Organisation nach außen darstellen will, wird sie umso aufmerksamer entscheiden und penibler orchestrieren, desto vielfältiger und widersprüchlicher die an sie gerichteten Erwartungen sind. Ein Wanderverein zum Beispiel hat es leicht. Für die Außendarstellung genügt es, die Liebe zur Natur und die Freuden des Wanderns zu betonen. Werden die verfolgten Zwecke komplexer, muss die Selbstdarstellung der Organisation den zunehmend unterschiedlichen, von außen an sie herangetragenen Interessen angemessen sein. Wie die Organisation ihre Zweckwidersprüche integrieren muss (das haben wir oben im Kapitel → Streitet euch! beschrieben), sollte sie auch die durchaus widersprüchlichen Erwartungen, die ihre Umwelt an sie richtet, auf ihrer Schauseite berücksichtigen. Die Darstellung eines Unternehmens durch seinen Vorstand wird gleichermaßen von Anteilseignern, Organisationsmitgliedern, Lieferantinnen, Finanzmarkt-Akteuren, Kundinnen, Wettbewerbern, der interessierten Öffentlichkeit und der Politik verfolgt. In besonderen Fällen muss auch mit der Aufmerksamkeit der Staatsanwaltschaft gerechnet werden. Man kann zwar versuchen, die Darstellung an die Interessen bestimmter Gruppen anzupassen und die eigenen Mitglieder anders ansprechen als die Teilnehmerinnen und Teilnehmer der Hauptversammlung. Es lässt sich aber kaum verhindern, dass eine Darstellung nicht nur vom jeweils adressierten Publikum, sondern auch von anderen Gruppen beobachtet wird. Ein Wohnungsbaukonzern etwa, der Investoren blendende Renditen verspricht, muss damit rechnen, dass sich Mietervereine, Protestbewegungen oder politische Parteien für diese Prognosen interessieren und die Legitimität der hohen Rendite infrage stellen. Das kann zu Problemen führen.

Deshalb nutzen Unternehmen und andere Organisationen für die Darstellung ihrer Fassade gern eine gewisse Unschärfe. Das ist nicht Nachlässigkeit oder Unfähigkeit zum klaren Ausdruck, sondern klug. So lassen sich gegensätzliche Interessen adressieren, ohne dass diese Darstellung selbst allzu offenkundige Widersprüche aufweist. Etwas Widersprüchlichkeit muss man ertragen und nach Möglichkeit weichzeichnen: Es ist »schädlich, wenn die Organisation in ihrer Außendarstellung einen zu hohen Anspruch an *Konsistenz* hat, weil die Legitimationsansprüche aus der Umwelt eben nicht alle gleichzeitig zu erfüllen sind« (Kühl 2011, 146). Besser, man geht nicht zu sehr ins Detail und bleibt im Allgemeinen, indem man unscharf und eher unverbindlich über Werte, Verantwortung, Nachhaltigkeit, Innovation und andere jederzeit konsensfähige Ziele spricht.

Die Konstruktion unterschiedlicher Fassaden für unterschiedliche Anlässe und Adressaten kann pathologische Formen annehmen. Interessant wird es, wenn die Fassadendarstellung mit dem Anspruch, für die Realität der Organisation zu stehen, sich weitgehend von dieser Realität abkoppelt: Man zeigt dann lediglich, wie man gesehen werden möchte. Ähnlich der Kunst der Postmoderne ist diese Form der Fassadengestaltung selbstreferenziell; sie hat sich von der lästigen Realität der Organisationspraxis emanzipiert. Ein Automobilkonzern, der zum Beispiel mit niedrigen Abgaswerten wirbt, sagt damit nur, dass er es für sinnvoll hält, mit niedrigen Abgaswerten zu werben. Er sagt nicht zwangsläufig etwas über die Abgaswerte seiner Fahrzeuge. Der Widerspruch zwischen Image-Werbung (Versprechen niedriger Abgaswerte) und leistungsstarken Motoren mit niedrigem Verbrauch (aber hohen Abgaswerten) wird einfach durch Nicht-Wahrnehmung der anderen Seite des Widerspruchs ausgeblendet. Die Schauseite verweist nur noch auf sich selbst.

Versuche, mithilfe der Fassadengestaltung zu verbergen, dass sich Organisationszwecke (wie Umsatzsteigerung oder Imagepflege) auf Kosten anderer Zwecke (etwa das Einhalten gesetzlicher Rahmenbedingungen) durchgesetzt haben, bieten bei gerichtlichen Auseinandersetzungen nur begrenzten Schutz. Die Pathologien werden mit dem Kontrast zwischen realem Fehlverhalten und idyllischer Selbstdarstellung peinlich sichtbar. Zum Leidwesen der Fassaden-Dekorateure sind bei Wirtschaftsunternehmen anders als bei postmodernen Kunstwerken Rückkopplungen zwischen Zeichen und Bezeichnetem nicht ganz zu vermeiden. Das gilt zumindest so lange, wie das Publikum die Schauseite nicht als autonomes Kunstwerk akzeptiert, das nur der Unterhaltung dient und keinen Wahrheitsanspruch erhebt. Oder solange die Betrachtenden nicht vor lauter Freude über die schöne Fassade das Interesse an lästigen Fakten verlieren.

Das sind Extremfälle der Fassadengestaltung. Ihre Dreistigkeit und Häufigkeit sind unterschiedlich von Branche zu Branche. Jenseits dieser juristisch relevanten Täuschungsmanöver bleibt allerdings auch bei der redlichsten Außendarstellung völlig seriöser Organisationen das Spannungsverhältnis zwischen der Fassadenseite, die bestimmte Zwecke zu erfüllen hat, und der Organisationsrealität, die anderen und vor allem deutlich mehr Zwecken genügen muss, nicht aufhebbar. Bestenfalls lässt es sich im geeigneten Rahmen thematisieren, zum Beispiel um die Mitglieder davor zu schützen, die Fassadendarstellung mit der etwas komplizierteren Organisationsrealität zu verwechseln und entsprechende Ansprüche an sie zu richten.

Managementmoden als Schauseite

Organisationen nutzen die Kunst der Selbstinszenierung nicht nur gegenüber ihrer Umwelt. Ihr Einsatz ist auch als Appell nach innen, gegenüber den eigenen Mitgliedern wirksam. Zum Beispiel, um zu verhindern, dass kritische Fragen den Erfolg eines Projektes oder eines Prozesses gefährden.

Es mag überraschend sein, dass wir im Kontext der Schauseite den Einsatz laut ausgerufener Managementmoden behandeln. Aber ihre Funktionalität für die interne Schauseite, ihre Brauchbarkeit als Ausrufezeichen in Richtung der Mitgliedschaft, ist nicht ihr kleinster Nutzen. In den Augen skeptischer Beobachter besteht darin oft sogar ihr einziger Wert. Der Einsatz von Managementmoden bietet eine Möglichkeit, organisationsbedingte Defizite (oder auch nur die Einfallslosigkeit und Überforderung der Organisationsspitze) gegenüber den Mitgliedern zu kaschieren. Dabei handelt es sich häufig um diffus gehaltene Konzepte. Sie versprechen, die Arbeit in der Organisation besser, leichter, moderner, effizienter, menschlicher zu machen. Die Moden werden gern mit normativer Aufladung versehen, bei Bedarf mit alarmistischen Untertönen: Eine Organisation, die zukunftsfähig bleiben will, muss diese Mode umsetzen! Jetzt! Sonst wird sie von der Gegenwart überholt! Dahinter steht häufig der latente oder manifeste Wunsch der Organisationsverantwortlichen, den Laden etwas durchzulüften und die Mitglieder aufzurütteln. Steht dieser Wunsch im Vordergrund, ist es oft eher zufällig, zu welcher der zahlreichen am Beratungsmarkt angebotenen Methoden man greift.

Weil die Konzepte eher vage sind, benötigen sie eine normative Aufladung und das Versprechen, Orientierung zu liefern. Stark normative Konzepte mit einem Überschuss an Ideologie sind in der Praxis nicht einlösbar. Ihre Funktion liegt in ihrem Irritationswert. Sie lassen sich zum Beispiel benutzen, um Silo-Strukturen und das Denken in lokalen Rationalitäten zu destabilisieren. Sie werden auch gern gezielt eingesetzt, um Privilegien infrage zu stellen. Der eigentliche Effekt eines Total-Quality-Management-Programms besteht oft darin, die Managerinnen und Manager zu verunsichern. Ihre alten Routinen und Machtressourcen funktionieren plötzlich nicht mehr. Auf diese Weise kann man in der Organisation leichter neue Entscheidungsstrukturen durchsetzen.

Es ist offensichtlich, dass die Wirkung von Managementmoden meist hinter ihren Heilsversprechen zurückbleibt. Die erhoffte Entfaltung der sich selbst steuernden Organisation, in der glückliche Mitarbeiter ihre Potenziale entwickeln und eigenverantwortlich, proaktiv und sinngetrieben zum Wohle der Organisation, ihrer Kolleginnen und Kollegen und der Menschheit ihr Werk verrichten, bleibt aus. Was stattdessen entsteht, sind bestenfalls andere, aber nicht unbedingt bessere Formen der Zusammenarbeit. Der Praxistest entzaubert die Heilsversprechen. Deshalb ist das Haltbarkeitsdatum von Managementmoden begrenzt. Je öfter diese Moden und Methoden mit Heilsversprechen versehen durch die Organisation getrieben und nach ihrer Entzauberung durch neue Moden ersetzt werden, desto stärker wächst das Zynismuspotenzial bei den Mitgliedern der Organisation, die das alles umsetzen dürfen und auch noch daran glauben sollen.

Das Muster von Heilsversprechen-Entzauberungs-Zynismus kann man häufiger in Konzernen als bei Mittelständlern beobachten. Mittelständler nutzen Managementmoden eher pragmatisch als Inspiration, während sie in Konzernen auch als Werkzeug mikropolitischer Spiele eingesetzt und entsprechend aggressiv verkündet werden. Gleichzeitig ist angesichts sehr robuster Konzernstrukturen eine größere rhetorische Durchschlagskraft nötig, um mit Reform-Initiativen durchzudringen. Das macht organisationsinterne Missionare neu ausgerufener Moden anfällig für Lautstärke, Geltungsdrang, Überidentifikation und Mangel an reflexiver Distanz.

Zum internen Schauseiten-Einsatz von Managementmoden gehört stets ihr behaupteter Neuigkeitswert. Auch wenn das Prinzip seit Jahrzehnten bekannt ist und immer wieder mal eine Konjunktur erlebt hat – mit neuem Namen und etwas anderem Beiwerk versehen (gern in digitaler Form und mit dem Versprechen, so die Organisation fit für die digitale Transformation zu machen) –, kann das Organisationsmodell als revolutionär und noch nie da gewesen angepriesen werden. Das hat für gestresste Entscheiderinnen und Entscheider eine Entlastungsfunktion: »Kein Manager muss sich schuldig fühlen, dass er selbst noch nicht auf die neuen Prinzipien gekommen ist: alles hat sich eben radikal verändert – die Umweltbedingungen und die angemessenen Lösungen. Die alten Prinzipien waren – bis gerade jetzt – Zeugnisse eines hervorragenden Managements« (Kieser 1996, 24). Wechselnde Schlagworte unterstreichen den Neuigkeitswert, sei es die Rede von der »Netzwerkorganisation«, von »Agilität« oder der berühmten »Purpose Driven Organization«. Auch das ist funktional. Die kryptischen Labels signalisieren exklusiven Zugang zum Wissen um die Zukunft der Organisation. Sie schützen den Einsatz der jeweiligen Methoden und die Abteilungen, die sie verwenden, indem sie etwaige Widerstände erschweren.

Wer Skepsis zeigt, kann als Innovationsgegner delegitimiert werden.

Das Spiel mit den Neuigkeitssignalen funktioniert auch, wenn die betriebliche Anwendungspraxis mit der jeweils ausgerufenen Organisationsmode nicht viel mehr als die Überschrift und einige Reizvokabeln gemein hat. Zum Beispiel wenn die als Agilitäts-Programm angepriesene Maßnahme eigentlich nur eine normale Restrukturierung ist (vgl. Muster / Laudenbach 2019, 80). Häufig werden gängige Organisationsmethoden in unterschiedlichen Branchen, Ländern, Unternehmen auch recht großzügig interpretiert. Es geht nicht unbedingt um Verfahrensgenauigkeit. Hauptsache, der Name der als neueste Mode ausgerufenen Methode ist neu, prominent und klingt irgendwie nach Zukunft. Was man dann unter diesem Label macht, folgt eigenen Bedürfnissen.

Dazu ein schönes Beispiel: Im deutschsprachigen Diskurs wurden etwa Lean-Production-Modelle mit Handlungsempfehlungen wie Gruppenarbeit oder Downsizing versehen, die im ursprünglichen Konzept nicht vorkommen. Die eher freihändige Anwendung entkoppelte sich vom Entstehungskontext und dem ursprünglichen Konzept einer Methode. James P. Womack und Daniel T. Jones, die amerikanischen Wissenschaftler, die Anfang der 1990er-Jahre den Begriff der »Lean Production« prägten, hatten dafür die Produktion bei Toyota studiert. Ihr Konzept sollte die Erfolgsformel des damals effizientesten Automobil-Herstellers der Welt liefern und adaptierbar machen. Allerdings ist es stark amerikanisiert und dekontextualisiert. Es ignoriert kulturelle Unterschiede und Rahmenbedingungen der damaligen Toyota-Produktion, etwa die Beschäftigungsgarantie bis zur Rente. Dieser großzügige Umgang mit Begriffen und Verfahren setzt sich innerhalb der Toyota Company selbst fort. Bei den internationalen Ablegern des Konzerns werden bis heute die damaligen japanischen Management-Begriffe verwendet. Unter diesen Labels macht man dann, was man aktuell für notwendig hält. Die Begriffe dienen vor allem dazu, Kontinuität zu signalisieren: Man bedient sich beim Vokabular der Firmengeschichte, um das heutige Handeln zu legitimieren.

Beide Beispiele – Semantik als Neuigkeits- oder als Traditionssignal – folgen demselben Muster. Die Begriffe erfüllen ihren Zweck unabhängig davon, mit welcher Bedeutung sie versehen werden. Deshalb nennt der Organisationssoziologe Günther Ortmann die Parolen der Managementmoden (»Lean Management!«, »Agilität!«) unter Rückgriff auf Arbeiten des Ethnologen Claude Lévi-Strauss »leere Signifikanten«. Sie sind im Zweifel bedeutungsoffen. Man kann sie mit der Bedeutung füllen, die man gerade benötigt. Gerade weil sie leer sind, sind sie so erfolgreich: In einen leeren Behälter passt eine Menge rein. Ortmann verweist nicht ohne Ironie auf die Parallele zu magischen Praktiken indigener Gesellschaften. Was der religiösen Autorität das Manna, ist dem Berater das »Buzzword«, das sprachliche Zeichen, das »in sich selber sinnleer und deswegen geeignet ist, jeden beliebigen Sinn anzunehmen« (Ortmann 2017, 128).

Natürlich reagieren neue Organisationsmethoden oft auf reale Probleme und entwickeln dabei brauchbare Instrumente. Die Human-Relations-Bewegung der frühen 1930er-Jahre entsprang dem Wunsch die Effizienz der Arbeit zu steigern. Dabei gerieten dann auch die sozialen Bedürfnisse der Industriearbeiterinnen und Industriearbeiter als zentraler Faktor in den Blick. In Qualitätszirkeln entwickeln Mitarbeiterinnen und Mitarbeiter seit den 1960er-Jahren Verbesserungsvorschläge für Arbeitsabläufe. Initiativen zur Humanisierung der Arbeitswelt seit den 1970er-Jahren haben die Lebensqualität am Arbeitsplatz verbessert. Teilautonome Arbeitsgruppen, etwa in der industriellen Produktion, die Arbeiterinnen und Arbeitern größere Entscheidungsspielräume ließen, indem sie von Konditional- auf Zweckprogramme umstellten, wurden seit den 1970er-Jahren in Vorreiterorganisationen genutzt und kamen in den 1980er-Jahren in vielen Betrieben zur Anwendung. Lean Management und KVP (Kontinuierlicher Verbesserungsprozess) sorgten ab den 1990er-Jahren für Effizienzgewinne, vor allem in der Automobilindustrie. Purpose Driven Organization und Agilität appellieren seit den 2010er-Jahren an Eigeninitiative, Selbststeuerung und Motivation der Mitarbeiter. Holacracy bemüht sich seit den 2010er-Jahren um größte Transparenz und einen hierarchieunabhängigen Informationsfluss.

Jedes dieser Modelle hat in den Unternehmen, die sie anwenden, Probleme bearbeitet – und dabei neue Probleme geschaffen. Teilautonome Arbeitsgruppen sind für Mobbing anfällig. Lean Management führt zu Arbeitsverdichtung auf Kosten der Beschäftigten. Die Purpose Driven Organization ist übergriffig gegenüber den Mitarbeiterinnen und Mitarbeitern und moralisiert Organisationsfragen. Holacracy benötigt komplizierte Strukturen und hochverregelte Kommunikationswege. Keine Problemlösungen ohne Lösungsprobleme.

Die Paketlösungen und Heilsversprechen von Managementmoden lassen die an Widersprüchen reiche Organisation überschaubarer wirken, als sie ist. Sie bieten schematische Vorstellungen der Organisation an. Damit scheinen sie den gestressten Führungskräften die Mühe des guten Organisierens zu ersparen. Und dazu gehört: in jedem konkreten Fall genau hinzusehen. Im Zweifel geht das, wie viele Organisationsdefizite, zulasten der Personen. Die ideologische Überhöhung als allein selig machenden ausgerufener Methoden trägt zu den Blockaden der Wahrnehmung eher bei, als sie aufzulösen.

Schauseitenpflege als Managementmode

Der Einsatz von Managementmoden ist immer auch ein Beitrag zum Theater der Organisation. Die Organisationsspitze signalisiert damit gegenüber den Mitgliedern (und vielleicht auch sich selbst) Problembewusstsein, Entschlossenheit, Flexibilität, Mut, Optimismus oder auch Verzweiflung. Aber in der Regel erschöpft sich die Funktion solcher Einsätze nicht in ihrem theatralischen Aspekt, sondern geht mit mehr oder weniger weitreichenden, mehr oder weniger durchdachten Arbeiten an der Struktur der Organisation einher.

Es gibt allerdings interessante Ausnahmen. In einem großen deutschen Versicherungsunternehmen konnten wir erstaunt beobachten, wie das Ausrufen von Managementmoden zum Selbstzweck wurde. Bei diesem Kuriosum blieben die Strukturen unangetastet. Es genügte, im Theater der Organisation die interne Schauseite zu polieren. Die dafür mit einigem Ehrgeiz bemühten Darstellungen erreichten eine eigene Form von Pathologie.

Die Mitarbeiterinnen und Mitarbeiter verwendeten in entsprechenden Situationen auf die Inszenierung einer

Handlung weit größere Energie und Aufmerksamkeit als auf die Handlung selbst. Die liebevoll gepflegte Erzählung wurde mit der Organisationswirklichkeit verwechselt. Ein bezeichnendes Manöver war dabei der Versuch einer Organisationsspitze, den eigenen Bereich von hierarchischer und bürokratischer Struktur auf Teamorientierung und horizontale Vernetzung umzustellen. Allerdings ohne dabei das Organigramm, Weisungsbefugnisse, Zuständigkeiten oder Rechenschaftspflichten, also die formalen Strukturen, anzutasten. Vorgesetzte blieben formal Vorgesetzte, sollten aber »auf Augenhöhe«, mit Ansprechbarkeit und überhaupt »näher« an ihren Untergebenen agieren. Abteilungen blieben formal voneinander getrennt, aber Abteilungsgrenzen sollten durch die Einführung neuer Abspracheschleifen und einer Parallelstruktur aus abteilungsübergreifenden Teams an Bedeutung verlieren. Es war der Versuch, eine Ablauforganisation zu ändern, ohne in die Aufbauorganisation einzugreifen. Denn Eingriffe in die Formalstruktur hätten Mühe gekostet und für Ärger gesorgt. Strukturveränderungen gehen stets mit langen, zähen Runden mikropolitischer Auseinandersetzungen und bürokratischer Schikanen einher. Das wollte sich die Organisationsspitze nicht antun. Stattdessen setzte sie auf Fassadenpflege. Sie verwechselte »mehr Eigenverantwortung wagen« mit »mehr Eigenverantwortung sagen«. Doch allein mit der Darstellung anderer Arbeitszusammenhänge lässt sich kaum eine tatsächliche Änderung der Arbeitspraxis bewirken. Auch hier war die liebevoll gepflegte interne Schauseite selbstreferenziell und von der realen Organisationspraxis entkoppelt.

Für Außenstehende bleiben solche internen Abläufe undurchsichtig. Sie werden sich in ihren Personen-Erwartungen weiter am Organigramm, am Türschild, am Titel und an der Website orientieren. Auch für die Mitglieder ist es rational, sich vor allem an ihre formal festgelegten Rollen zu halten. Auf diese kann man sich erwartungssicher beziehen, wenn es um die Bewertung einer Leistung geht. Ihre Anforderungen muss man erfüllen, will man in der Organisation bleiben und in ihr aufsteigen. Parallel dazu Fiktionen der Enthierarchisierung zu pflegen und zu erwarten, dass sie sich realisieren, wenn alle nur fest daran glauben, ist weltfremd. Gegenüber den betroffenen Personen ist es eine Zumutung. Es befördert möglicherweise ihre schauspielerischen Fähigkeiten, aber damit auch ihr zynisches Verhältnis zur Selbstdarstellung der Organisation. Dass diese Reform-Fiktion im konkreten Fall für jede Menge Irritation und rhetorische Pirouetten im Theater der Organisation, aber kaum für tatsächliche Veränderung gesorgt hat, ist nicht überraschend.

Fehlerkultur als Show: Fuckup Nights

Ein modernes Märchen aus der Welt der Organisationen handelt von der Glückseligkeit in Unternehmen mit der richtigen Fehlerkultur. Der Begriff wird je nach Organisation und Bedarf unterschiedlich mit Bedeutung aufgeladen. Meist läuft es darauf hinaus, die Mitglieder zu ermutigen, entschlossen voranzugehen, selbst initiativ zu werden, »out of the box« zu denken, Neues auszuprobieren und keine große Angst vor Fehlern und Scheitern zu haben. Auf der Schauseite wird betont, dass Fehler überall geschehen können, wo man aus Routinen ausbricht und wagemutig Neuland betritt. Der Fehler wird zum Ausweis von Neugierde, Experimentierfreude und einer gängelungsfreien Unternehmenskultur stilisiert: Scheitern als Chance. Implizit signalisiert diese Rhetorik, dass Mitglieder, die mit ihren gut gemeinten Projekten gegen die Wand fahren, in der Organisation nicht mit unangenehmen Folgen rechnen müssen. Die einzige Konsequenz ist ein nachdenkliches Gespräch mit den Vorgesetzten und Kolleginnen über die Erkenntnisse, die man dem Fehler verdankt – natürlich in gegenseitigem Respekt und ohne Folgen für die Personalakte. Das folgt in aller Verkürzung einer bekannten Parole des amerikanischen Management-Gurus Tom Peters: »Macht Fehler und macht sie schneller, denn woraus sonst wollt ihr lernen?« (Peters 1988, 289; zit. n. Baecker 2003, 40)

In dieser Erzählung einer heilen Organisationswelt ohne Sanktionsbedarf wird gern ausgeblendet, dass die großzügigste Fehlerkultur Grenzen hat. Zum Beispiel sollte der entstandene Schaden nicht zu teuer werden. Ein Mitglied, das Fehler wiederholt und in Serie verursacht, kann nicht mit Beifall rechnen. Grob fahrlässige Fehler und vermeidbare Schäden, etwa durch Übersehen offenkundiger Hindernisse, sorgen auch nicht zwangsläufig für gesteigerte Beliebtheit. Und wenn die Mode wechselt und das Verständnis für Fehler stärkeren Kontrollbedürfnissen der Organisation weicht, sollen sich die Mitglieder für ihre Fehlleistungen rechtfertigen, die ihnen dank Wagemut und Eigeninitiative unterlaufen sind. Fehlertoleranz ist deutlich voraussetzungsreicher, als es die Schauseitendarstellung der wunderbar angstfreien und innovativen Organisation suggeriert. Wenn Vorstände und Personalabteilungen die Belegschaft wieder mal auffordern, mehr Mut zu zeigen, unverzagt neue Wege zu gehen und keine Scheu zu haben, auch mal zu scheitern, wissen erfahrene Mitglieder, dass es klug ist, nicht jede rhetorische Einladung für bare Münze zu nehmen. Auch wenn niemandem der Kopf abgerissen wird (zumindest nicht im wörtlichen Sinn), sind gröbere Fehler nicht unbedingt karrieredienlich. Dank gescheiterter Projekte entlassen zu werden, nur noch die unattraktiven Jobs zu bekommen, zur Zielscheibe des Spotts der Kolleginnen zu werden oder als Beispiel für schlechte unternehmerische Urteilskraft und ewiger Pechvogel zu gelten – das sind keine attraktiven Aussichten. Im Zweifel werden kluge Organisationsmitglieder sich schon zur Selbstabsicherung nicht an den Parolen einer betont großzügigen Fehlerkultur, sondern an ihrer formalen Rolle orientieren. Sie werden auf den eingeforderten Wagemut im Zweifel eher verzichten und lieber einen Fehler zu wenig machen als einen zu viel.

Die ausgerufene Fehlerkultur steht latent unter dem Verdacht, nicht viel mehr als Schauseitenrhetorik zu sein. Ein beliebtes Mittel, mit dem Unternehmen ihre Fehlerkultur-Versprechen unterstreichen, sind sogenannte »Fuckup Nights«. Dabei handelt es sich um halb gesellige Veranstaltungen, bei denen Organisationsprominenz, also bekannte Personen aus dem Unternehmen, gern aus den höheren Rängen, vor Publikum über ihr brachialstes, schlimmstes Scheitern berichten. Der entspannte Rahmen signalisiert Informalität: Wir sind unter uns und machen uns einen unterhaltsamen Abend – eine Art Poetry-Slam-Format der Organisation, wenn auch ohne Poetry und Slam, dafür mit dem Reiz, angesehenen Organisationsmitgliedern dabei zuzusehen, wie sie ihre Leichen im Keller präsentieren. Auch die Besten machen Fehler und fallen hart auf die Nase – kein Problem, sie sind immer noch da und heute die

Chefs deiner Chefin! Das sorgt, so die Hoffnung, für einen unverkrampften Umgang mit Fehlern: shit happens, ist aber kein Weltuntergang. Wenn der CEO oder die Personalchefin ihre Fehler so offenlegen, sollte das auch für normalsterbliche Mitglieder im Publikum möglich sein. So weit die Theorie dieses Formats. Sie ist nicht viel mehr als Wunschdenken, das die Organisationsmitglieder im Publikum für reichlich naiv hält.

Die bühnentaugliche Selbstdarstellung der Organisationsprominenz, die souverän und selbstironisch von Pleiten, Pech und Pannen in ihrem bewegten Organisationsleben berichtet, folgt einer kalkulierten Dramaturgie. Schon dass sie auf der Bühne stehen, die Organisation nicht verlassen mussten und munter Karriere machen konnten, zeigt, dass sie ihre Ausrutscher unbeschadet überstanden haben. Die echten Katastrophen, die man mit Mühe unter den Teppich kehren und verdrängen konnte, wird man bei der heiteren Fehlerkultur-Show eher nicht ausplaudern. Sicherheitshalber entscheidet sich der bekennende Fehler-Held auf der Fuckup-Bühne für die eher harmlosen Niederlagen, die nur für kurze Zeit für Unruhe in der Organisation oder einer Abteilung gesorgt haben, ohne größere Schäden anzurichten. Aber wer den Launch eines unbrauchbaren Produkts durchgesetzt hat, muss mindestens abwarten, ob die Organisation die verpulverte Investition überlebt, bevor er die Geschichte mit selbstironischer Distanz zum Besten gibt. Wer mit Fehlentscheidungen für den Wegfall von Arbeitsplätzen, geschlossene Standorte, sinkende Erträge und eine geschwächte Organisation am Rand der Insolvenz verantwortlich ist, wird das besser nicht auf einer Fuckup-Bühne ausbreiten. Versuche, das Desaster zu einer Survivor-Story umzufärben, sind ab einer gewissen Desaster-Größe peinlich und unangemessen. Auch diese Diskrepanz zwischen harmlosen Anekdoten des Scheiterns und dem Blick in den Abgrund nach Fehlentscheidungen macht die Fuckup-Bekenntnisse so belanglos.

Die Wirkungs-Dramaturgie der Auftritte ist übersichtlich gebaut: Ausrutscher in bester Absicht, Fehler und Niederlage, häufig geschmückt mit Momenten der Peinlichkeit und Lachern, vielleicht ein Lerneffekt, Staubabklopfen und weiter geht's ohne bleibende Schäden. Was in der Erzählung das erleichternde Ende markiert, kann im Organisationsalltag allerdings jede Menge Stress, Arbeit und nervige Folgeprobleme bedeuten, die man nun vor Vorgesetzten und Kollegen zu verantworten hat – auch vor denen, die einem vielleicht schon immer mal gern ein Bein stellen wollten. Die launigen Auftritte beim Feierabendbier haben mit der unübersichtlichen Lage nach brutalen Fehlschlägen, deren Folgen chaotisch und noch nicht abzusehen sind, nichts zu tun. Die abgeklärte Distanz, mit der die Organisationsveteranen auf ihre schönsten Niederlagen blicken, ist weit entfernt von den quälenden Konferenzraum-Situationen, in denen nach fatal falschen Entscheidungen geklärt wird, ob und welche Köpfe rollen. Die Fuckup-Nächte verniedlichen das Scheitern von Funktionsträgern in Organisationen und die Folgen ihrer Fehler (sowohl für die Personen wie für die Organisation).

Aus organisationstheoretischer Perspektive ist es im Übrigen verhältnismäßig einfach, Mitgliedern gezielt die Angst davor zu nehmen, Fehler zu begehen. Das braucht keine Fehlerkultur-Rhetorik und kein Fuckup-Theater, sondern Strukturen, die die Mitglieder vor persönlichen Konsequenzen möglicher Fehler schützen. Ironischerweise funktioniert das wesentlich besser mit klarer Hierarchie als in eigenverantwortlichen Teams. Benötigt wird dabei eine Stelle, die formal die Verantwortung innehat und damit auch die Verantwortung für Fehler übernimmt. Das ermöglicht den Mitgliedern unterhalb der Stelle ohne persönliches Risiko, Initiativen und Vorschläge zu entwickeln. Das Prinzip zeigt sich zum Beispiel in Anträgen für ein Projekt, dessen Erfolg nicht absehbar ist. Indem eine höhere Stelle zeichnet, was die untere Stelle entwickelt hat, wird der Gestaltungsspielraum größer. Die Entwicklerinnen und Entwickler müssen sich keine Sorgen um mögliche Sanktionen machen. Zu entscheiden, welche Risiken tragbar sind, ist Aufgabe ihrer Vorgesetzten. Bejahen die Vorgesetzten das Projekt, müssen sie Kritik und Störfeuer abhalten, selbst wenn das Projekt vor die Wand fährt und Budget verbrannt wurde. Wenn der Schaden überschaubar war, kann man ja eines Tages gemeinsam auf einer Fuckup Night davon erzählen, was schiefgegangen ist.

Schauseiten dienen der Organisation als Blickfang, hinter denen in Ruhe gearbeitet werden kann. Sie überdecken Spannungen und machen Konflikte erträglich. Doch birgt ihr Einsatz Risiken: Was in der Darstellung versprochen wird, sollte zumindest losen Bezug zur organisationalen Realität haben. Sonst schafft man sich die zynische Organisation.

BESUCH IN KAFKAS SCHLOSS

WESHALB MANCHE DESASTER-ORGANISATIONEN NICHT ZU ÄNDERN SIND – UND MAN SIE NUR RESIGNIERT ERTRAGEN ODER VERLASSEN KANN

Managementliteratur reduziert die Komplexität der Organisation gern auf das Schema Problem–Problemlösung, am besten mit einer Problemlösung, die sich einer universell einsetzbaren Managementmethode verdankt: Für einen Hammer sieht alles wie ein Nagel aus, man muss nur feste draufhauen. Wir finden es interessanter, die Widersprüche und Paradoxien der Organisation zu entfalten und aus ihnen zu lernen. Wir gehen eher induktiv als deduktiv vor.Statt die Phänomene ins Muster einer geschlossenen Theorie zu zwingen (was nicht passt, wird passend gemacht, notfalls durch gezieltes Ausblenden), entwickeln wir unsere Erklärungsversuche aus der Beobachtung der Phänomene und ihrer Paradoxien. Deshalb sind wir von dem folgenden Fallbeispiel fasziniert. Aus ihm lässt sich zwar viel lernen – zum Beispiel was alles schiefgehen kann oder weshalb Organisationen ohne die wirksame Drohung des Ausschlusses aus der Organisation verloren sind. Aber alle Versuche, etwas mehr Rationalität in das Organisationsgeschehen zu bringen, scheiterten am robustem Strukturschutz. Alle Versuche, die Organisation in ihrem eigenen Interesse und im Interesse ihrer Mitglieder zu reformieren, prallten an ihr ab.

Wir haben Unternehmen kennengelernt, in denen brauchbare Illegalität die Kontrolle übernommen hat; Unternehmen, die alles verregeln wollen; und solche, die von der eigenen Compliance-Abteilung gelähmt werden. Immer geht es um das Spannungsfeld zwischen Formalität und Informalität, um Übergriffe der Organisation gegenüber den Personen und die Gegenstrategien der davon behelligten Mitarbeiter und Mitarbeiterinnen. Ein Korrektiv ist dabei immer die Umwelt der Organisation. Sie überprüft die Funktionalität der Organisation. Wenn die Umwelt keinen Bedarf an den Leistungen der Organisation hat, wenn der Organisation in der Kommunikation mit ihrer Umwelt kein Anschluss gelingt, wird es schwierig mit ihrer Selbstreproduktion. Ein Laden, den niemand braucht, verschwindet irgendwann von der Bildfläche und aus dem Handelsregister. Zumindest im Prinzip und in der Theorie. Auch hier sind die Ausnahmen interessant und nicht frei von bizarren Pathologien.

Zum Abschluss unserer Reise durch die bunte Welt der Organisationen betreten wir solch eine Ausnahme, ein französisches Unternehmen, das lange ohne das Korrektiv seiner Umwelt auskommen musste. Es hatte eine monopolartige Stellung, es war too big to fail und wusste das, und es hatte eine Eigentümerstruktur, die sich eher schlechte Zahlen als rabiate Umstrukturierungen leisten konnte.

Beim Besuch dieses Paralleluniversums versteht man, dass die Möglichkeit der Insolvenz einer der großen Vorzüge der Marktwirtschaft ist. Sie erzwingt im Interesse des Überlebens der Organisation eine gewisse Rationalität: Die Vermeidung des wirtschaftlichen Untergangs zwingt zur Verständigung auf notwendige Handlungen. Das Fehlen des Risikos der Insolvenz wird in unserem Beispiel-Unternehmen ergänzt von hohen Hürden, die Entlassungen fast unmöglich machen. Wie wir gesehen haben, ist die Möglichkeit, Mitgliedschaft zu beenden, für Organisationen konstitutiv. Die Möglichkeit der Entlassung diszipliniert die Mitglieder. Die Möglichkeit der Insolvenz diszipliniert die Organisation. Dass dem Unternehmen beide Möglichkeiten fehlten, hatte interessante Konsequenzen.

Stellen Sie sich eine Organisation mit langer Geschichte und über viele Jahrzehnte gewachsenen Strukturen vor. Lange hatte sie in ihrem Bereich eine Monopolstellung. Ihre Kundinnen und Kunden hatten keine andere Wahl, als ihr Angebot zu nutzen. Auf Kundenorientierung, konkurrenzfähige Preise und effiziente Prozesse konnte sie im Zweifel verzichten. Die Kunden mussten sich auf die Organisation einstellen, nicht umgekehrt. Auch der Renditedruck hielt sich in Grenzen. Die Organisation war lange von politischen Entscheidungen abhängig, nicht von den Zwängen des Marktes. Sie ist selbstbewusst, robust, mächtig. Zumindest wirkt sie von außen so. Ihr lange sehr stabiles Geschäftsmodell ist zunehmend unter Druck geraten. Die inneren Verkrustungen, eisern verteidigten lokalen Rationalitäten und Privilegien, unzählige Hierarchieebenen und ein komplexes Geflecht von Zuständigkeiten haben die Organisation schwerfällig gemacht, starr und ineffizient. Stellen Sie sich eine Organisation vor, die verblüffende Ähnlichkeit mit der undurchdringlichen und rätselhaften Bürokratie aufweist, die Franz Kafka in seinem Roman »Das Schloss« beschreibt.

Wir reden nicht von der katholischen Kirche oder dem japanischen Kaiserhaus, sondern von einem Konzern, der über viele Jahrzehnte in öffentlicher (also staatlicher oder kommunaler) Trägerschaft war und vor einigen Jahren privatisiert worden ist. Marktliberalisierung und Globalisierung bescheren ihm seit Kurzem zum ersten Mal echte Wettbewerber. Aus einer Behörde, einer Einrichtung der öffentlichen Daseinsvorsorge sollte ein konkurrenzfähiges Unternehmen werden.

Im Zuge der Privatisierung wurden der Belegschaft Beschäftigungsgarantien gegeben. Betriebsvereinbarungen machen Kündigungen sehr schwierig; sie sind nur mit Zustimmung des Betriebsrats möglich. Das Problem ist weniger die gern beschworene »Beamten-Mentalität«, die »Kultur« der alten Belegschaft, also die Menschen, sondern die Formalstruktur. Die Umstellung von der Behörde zum Unternehmen erfolgte nur oberflächlich und nicht konsequent. Das gilt vor allem für den zentralen Aspekt der Mitgliedschaft. Dem Unternehmen fehlt mit der Möglichkeit, die Mitgliedschaft zu beenden und Mitarbeiterinnen und Mitarbeiter zu entlassen, eines der wichtigsten Steuerungsinstrumente. Das Unternehmen muss die Struktur einer Behörde mit dem Versuch verbinden, auf dem Markt zu bestehen. Das führt zu Pathologien.

Größere Effizienz, schnellere Entscheidungen, eine Verschlankung der Organisationsstruktur sind im Interesse der Wettbewerbsfähigkeit und Kundenorientierung dringend geboten. Die Marktkräfte entwickeln ihre Wirkung, zum Beispiel die Kräfte des Finanzmarktes. Zur Pflege des Aktienkurses hatte der Konzern signalisiert, im Laufe der kommenden Jahre Personal abzubauen. Das kollidiert mit den durch Betriebsvereinbarungen geschützten Rechten der Arbeitnehmerinnen und Arbeitnehmer. Der Betriebsrat sieht keinen Grund, betriebsbedingten Kündigungen zuzustimmen. Durch die Betriebsvereinbarungen ist Personalabbau nur im Rahmen von Restrukturierungen mög-

»Beim Besuch dieses Parallel-
universums versteht man, dass
die Möglichkeit der Insolvenz
einer der großen Vorzüge der
Marktwirtschaft ist. Sie erzwingt
im Interesse des Überlebens
der Organisation eine gewisse
Rationaliät: Die Vermeidung
des wirtschaftlichen Untergangs
zwingt zur Verständigung
auf notwendige Handlungen.«

lich. Also plant man in unterschiedlichen Bereichen zahlreiche Restrukturierungen. Sie haben offenkundig den Zweck, den angekündigten Personalabbau zu ermöglichen.

Die Strategie, Entlassungen mit Restrukturierungen zu legitimieren, ist durchsichtig. Der Betriebsrat verweigert deshalb prinzipiell die Zustimmung zu jeder Restrukturierung. Auf diese Weise werden auch sinnvolle Veränderungen in den Prozessen und Strukturen blockiert. Der Versuch, die Organisation effizienter zu machen, führt nur zur Verhärtung ihrer Strukturen. Selbst Versuche, diese Blockade zu durchbrechen, indem geplante »echte« Restrukturierungen mit Arbeitsplatzgarantien versehen wurden, sind unmöglich geworden. Damit hätte man indirekt zugegeben, dass die früheren, vom Betriebsrat verhinderten Maßnahmen tatsächlich auf den Arbeitsplatzabbau zielten. Versuche, die Blockade der Arbeitnehmervertreter zu durchbrechen, hätten die Notwendigkeit dieser Blockade bewiesen.

Die sehr mechanisch auf Kostenersparnis zielenden Restrukturierungsmaßnahmen tragen zur Selbstlähmung der Organisation bei. Die optimale Personalstärke einer Abteilung wird mit Benchmark-Vergleichsgrößen eher geschätzt als ermittelt. Sie dient vor allem der Legitimierung des Personalabbaus. Das in dieser Perspektive überflüssig gewordene Personal kann aufgrund von gesetzlichen Regelungen und Betriebsvereinbarungen aber nicht entlassen werden. Deshalb werden die betreffenden Mitarbeiterinnen und Mitarbeiter in eine Auffanggesellschaft abgeschoben. Das Unternehmen versucht, Arbeitsplatzabbau und restriktiven Kündigungsschutz irgendwie zu vereinbaren.

Um die in Auffanggesellschaften abgeschobenen Angestellten zur freiwilligen Kündigung und Annahme der Abfindungsangebote zu motivieren, müssen sie in Büros ohne Fenster, Telefone und Computer offenkundig sinnfreie Tätigkeiten ausführen. Sie werden etwa über Wochen mit der Aufgabe beschäftigt, an Schreibmaschinen Geschäftskorrespondenz vergangener Jahre abzutippen. Die Hoffnung, dass Menschen mit Selbstachtung lieber kündigen, als so eine Behandlung zu ertragen, ist nicht frei von kalkuliertem Sadismus: das Zufügen von Schmerzen als Versuch der Verhaltensbeeinflussung. Die Übergriffigkeit der Organisation gegenüber Personen nimmt die Form der offenen Demütigung an. Sie soll ein Organisationsversagen kompensieren: das in der Formalstruktur fehlende Instrument der sozialpartnerschaftlich verhandelten, durch Abfindungen und Sozialplan abgefederten Entlassung. Die Demütigungsmaßnahme gegenüber den in Auffanggesellschaften beschäftigten Kolleginnen und Kollegen sorgt für verhärtete Fronten zwischen Betriebsrat und Geschäftsführung. Der Versuch, die Blockade mit Härte und der Zumutung sinnloser Arbeit zu beantworten, kann den Betriebsrat nur in seiner Blockade-Haltung bestärken.

Es handelt sich um einen realen Fall aus unserer Praxis als Wissenschaftlerinnen und Berater. Der Konzern ist bis heute tätig und beschäftigt mehr als 40.000 Mitarbeiterinnen und Mitarbeiter. Bei einem Symposium haben wir Managerinnen aus europäischen Konzernen diesen Fall ohne Nennung des Unternehmens und der Branche als Beispiel für Fehlsteuerungen in einer über ihr eigenes Funktionieren unaufgeklärten Organisation vorgestellt. Vieles aus unserem Bericht kam den Managern nach eigenen Angaben aus ihrem eigenen Arbeitsumfeld so oder ähnlich vertraut vor. Einige fragten uns nach dem Vortrag diskret, woher wir diese Insider-Kenntnisse aus ihrem Konzern hätten. Es waren Konzerne, in denen wir noch nie gearbeitet oder geforscht hatten.

Organisationen lassen sich durchschauen – aber damit nicht unbedingt verändern. Nichts ist gefährlicher für eine Organisation als das Fehlen der Möglichkeit, die Mitgliedschaft wirksam an Bedingungen zu knüpfen und gegebenenfalls beenden zu können. Nicht produktiv ausgetragene organisationsbedingte Spannungen können zur Selbstblockade der Organisation führen. Das geht auf Kosten beider Seiten, der Organisation wie ihrer Mitglieder. Nicht jede Organisation ist reformierbar. Manchmal besteht in solchen Fällen für Mitglieder, die unter unzumutbaren Organisationsverhältnissen leiden, die beste Notwehr in der Kündigung.

(KEIN) ENDE

DIE HUMANISIERUNG DER ORGANISATION

WIE MAN DEM MENSCHEN GERECHT WIRD, INDEM MAN DEN GROSSTEIL SEINES WESENS IGNORIERT

Der Untertitel unseres Buches formuliert ein Paradox: Die Organisation soll dem Menschen gerecht werden, indem sie ihn lediglich in seiner beruflichen Funktion, in seinen formalen Pflichten als Mitglied der Organisation in Anspruch nimmt. Alles andere, die Person, der »Großteil seines Wesens«, geht sie nichts an: Der Mensch bleibt draußen. Das klingt wie ein Widerspruch zur angestrebten Humanisierung der Organisation. Wir wollten deutlich machen, weshalb die möglichst klare Unterscheidung zwischen Mensch und Mitglied, unser Leitmotiv auf den zurückliegenden Seiten, nicht unmenschlich, sondern entlastend ist. Die Unterscheidung nimmt ernst, dass die Organisationsmitglieder Menschen sind – sonst könnte man sich die Mühe der Unterscheidung sparen. Gerade weil es die Organisation mit Menschen zu tun hat und nicht nur mit Algorithmen, Maschinen, Informations- und Finanzströmen zurechtkommen muss, sollte sie die Trennung zwischen Mitglied und Mensch beachten und nutzen.

Menschen machen Fehler, sie haben ihre Eigenarten, Fähigkeiten und Marotten. Das Handeln Personen zuzurechnen ist geübte Alltagspraxis: »Die Person erklärt genug. Sie ist außerdem ein geeignetes Ziel für Enttäuschungsreaktionen« (Luhmann, 2021, 184). Diese Projektion, »ein Prozeß der Veranschaulichung, der Konkretisierung« von Systemproblemen, kann durchaus fruchtbar sein, wenn sie »Einfälle stimuliert und adäquate Gegenreaktionen nahelegt«. Die Beteiligten »werden durch ihre Phantasie genarrt und zur Erfindung nützlicher Auswege veranlasst« (ebd., 185). Es wäre weltfremd, das gänzlich unterbinden zu wollen. Niklas Luhmann, der nüchterne Organisationsbeobachter und erfahrene Verwaltungsjurist, fährt fort: »Die Möglichkeit, auf diese Weise Problemlösungen im täglichen Verhalten zu mobilisieren, wird man schätzen lernen in dem Maße, in dem man einsieht, dass nicht alle Probleme eines Sozialsystems ein für allemal durch richtiges Organisieren und richtige Einzelanweisungen aus der Welt geschafft werden können. (…) Durch Organisieren kann nur ein Teil der Systemprobleme gelöst, im Übrigen aber nur darüber entschieden werden, in welcher Form und Thematik die Probleme augenfällig und als Verhaltenslasten auf die Systemmitglieder abgewälzt werden« (ebd. 185 f.).

Wir plädieren dafür, dabei zumindest genau hinzusehen und zu wissen, was man tut: Reflexion hilft. Gutes Organisieren ist Arbeit.

Die Tatsache, dass die Organisationsmitglieder, sozusagen nebenberuflich, Menschen sind, hat Folgen: »Der Mensch konstituiert seine Persönlichkeit nicht freiwillig als Rädchen in der Maschine. Sie geht nicht in den von der Verwaltung geforderten Handlungen auf, sondern bleibt Umwelt, eine nie voll kontrollierbare Umwelt« (ebd., 165).

Mit dieser Umwelt (wie mit all ihren anderen Umwelten) muss die Organisation umgehen. Die Naivität des Technokraten, der Organisationsmitglieder mit »Rädchen in der Maschine« verwechselt, ist dabei so wenig hilfreich wie das entgegengesetzte Extrem, die Übergriffigkeit von New-Work-Strategen, die den »ganzen Menschen« vereinnahmen wollen. Die Rede vom »Menschen«, der im Mittelpunkt der Bemühungen der Organisation zu stehen habe, ist nicht besonders originell oder gar neu. Einer spöttischen Anmerkung in dem aus dem Nachlass veröffentlichten Frühwerk Luhmanns ist zu entnehmen, dass sich ähnliche Phrasen bereits Mitte der 1960er-Jahre einiger Beliebtheit erfreuten: »Wenn man zuweilen auf Tagungen nachdrücklich vorgehalten bekommt, dass der Mensch im Mittelpunkt aller Dinge stehen müsse, so ist bei der Vielzahl der Menschen, die mittlerweile den Erdball bevölkern, weder diese Vorstellung nachvollziehbar noch wird einem mitgeteilt, wo sich dieser Mittelpunkt befindet« (Luhmann 2021, 12).

Gegen das »Tagungspathos« (ebd.) und die Rhetorik solcher Allgemeinplätze setzen wir (mit Luhmann) auf die möglichst illusionsfreie, nicht durch ideologische oder technokratische Sichtblenden eingeschränkte Beobachtung der Organisation und ihrer Mitglieder. Diese Beobachtung benötigt Unterscheidungen – etwa um die ständigen Wechsel der Situationsdeutungen und der verwendeten Rollen zwischen Formalität und Informalität zu erfassen. Das erfordert eine gewisse Beweglichkeit der Theorie, also die Abstraktionsgewinne, die die Organisationssoziologie zur Verfügung stellt: »Je praxisnäher man zu denken sucht, desto vielfältiger werden die Beziehungs- und Deutungsmöglichkeiten, desto abstraktere Denkmittel sind nötig, will man zu sachgerechten Aussagen kommen« (ebd., 11).

Das gilt auch umgekehrt: Erst die hinreichend abstrakte Theorie erlaubt es, das faktische Verhalten in der Organisation zu verstehen.

Die Genitiv-Konstruktion unseres Buchtitels lässt sich in zwei Richtungen lesen. Zum einen auf die übliche Weise, also als die von außen an die Organisation herangetragene Forderung, in ihren Programmen und Strukturen auf die Menschen und ihre Bedürfnisse Rücksicht zu nehmen. Oder aber umgekehrt: als Humanisierung durch die Organisation, mit ihren Mitteln, Programmen und Strukturen und in ihrem Interesse. In dieser Perspektive ist die durch die Formalstruktur geregelte (und damit auch eingehegte) Inanspruchnahme der Mitglieder die Voraussetzung des respektvollen Umgangs mit den Menschen, die in der Organisation arbeiten: Humanisierung nicht als Kompromiss zwischen Erfordernissen der Organisation und den aus »sozialphilosophischen oder humanitären Gründen« (Luhmann 2021, 52) von außen an sie herangetragenen Wünschen nach Beachtung der Menschenwürde im Organisationsgeschehen, sondern als Effekt guten, über sich selbst aufgeklärten Organisierens. Die Pointe dieser Perspektive liegt darin, dass sie sich »innerhalb der Rationaltheorie« (ebd.) der Organisation bewegt – und im Ergebnis trotzdem oder gerade dadurch normativen Ansprüchen genügt. Entgegen der üblichen Lesart einer normativ aufgeladenen (und letztlich vom guten Willen der beteiligten Personen abhängigen) »Humanisierung der Organisation« benötigt sie lediglich ein aufgeklärtes Verständnis der Organisation, ihrer Funktionslogiken, Zweckwidersprüche, lokalen Rationalitäten und des trickreichen Zusammenspiels von Informalität und Formalität. Wir hoffen, dass wir den Leserinnen und Lesern die nötigen Begriffe für ein besseres Verständnis der Organisation zur Verfügung stellen konnten. Auch weil sie auf moralische (und moralisierende) Appelle verzichten kann, plädieren wir für die zweite Lesart unseres Titels: die Humanisierung als Eigenleistung der klug gebauten Organisation.

Literatur

Barnard, C. (1938): The Functions of the Executive. Cambridge, Massachusetts: Harvard University Press.

Bensman, J./Gerver, I. (1963): Crime and Punishment in the Factory: The Function of Deviancy in Maintaining the Social System. In: American Sociological Review, Jg. 28, 588-598. (deutsch 1973: Vergehen und Bestrafung in der Fabrik. In: Steinert, Heinz (Hg.): Symbolische Interaktion. Stuttgart: Klett Cotta.

Brecht, B. (1939-1955): Der Messingkauf. In: Brecht, B. (1993): Große kommentierte Berliner und Frankfurter Ausgabe, Band 22.2., Schriften 2, Frankfurt a. M.: Suhrkamp.

Brown, P./Levinson, S. C. (1987): Politeness: Some Universals in Language Usage (Vol. 4). Cambridge, UK: Cambridge University Press.

Buckhardt, B. (2019): Suche nach Ungewissem. In: Theater heute 5/2019.

Caplow, T. (1964): Priniciples of Organization. New York: Harcourt, Brace & World, zit. nach Luhmann (2017): 193.

Diederichsen, D. (2014): Laudatio auf René Pollesch. In: Pollesch, R. (2014): Kill your Darlings. Hamburg: Rowohlt.

Drepper, T. (2008): »Natürlich – Der Mensch steht im Mittelpunkt!« Zur organisationalen Funktion anthropologischer Präsuppositionen in der Personalsemantik moderner Organisationen. In: Rehberg, K.-S. (Hrsg.) Die Natur der Gesellschaft. Verhandlungen des 33. Kongresses der DGS in Kassel 2006. Frankfurt a. M. /New York NY: Campus, 3197–3206.

Goffman, E. (1973): Asyle. Über die soziale Situation psychiatrischer Patienten und anderer Insassen. Frankfurt a. M.: Suhrkamp.

Goffman, E. (1986): Interaktionsrituale. Frankfurt a.M.: Suhrkamp.

Hegel, G.W.F. (1986) [1807]: Werke in 20 Bänden, Band 3: Phänomenologie des Geistes. Frankfurt a. M.: Suhrkamp.

Hochschild, A. R. (2006): Das gekaufte Herz. Die Kommerzialisierung der Gefühle. Frankfurt a. M./New York NY: Campus.

Kaiser, A. (2018): Katholisch, verschwiegen, schwerreich. In: Der Spiegel, 15. 1. 2018, https://www.spiegel.de/wirtschaft/unternehmen/c-a-verkauf-wie-tickt-die-familie-brenninkmeijer-a-1187993.html (22. 03. 2022)

Kieser, A. (1996): Moden & Mythen des Organisierens. In: Die Betriebswirtschaft, Stuttgart: Schäffer-Poeschel, Jg. 56, 21–39.

Kieserling, A. (2012): Funktionen und Folgen formaler Organisation. In: Jahraus, O./Nassehi, A. (Hg.): Luhmann-Handbuch: Leben-Werk-Wirkung. Stuttgart: J. B. Metzler.

Kluge, A. (2005): Gespräch mit Alexander Kluge in seiner Küche in München. Interviewer: Peter Laudenbach.

Kühl, S. (2007): Lob der Heuchelei. In: Die Zeit, 39/2007.

Kühl, S. (2007a): Nicht scheinheilig genug. In: tageszeitung, 19.5.2007.

Kühl, S. (2017): Die agile Organisation ist kalter Kaffee. In: Human Ressources Manager, 16.1.2017.

Kühl, S./Laudenbach, P. (2019): Ich will mich einbringen. In: Süddeutsche Zeitung, 10.6.2019.

Laudenbach, P. (2020): »Ich habe keine Sanktionsmöglichkeiten«. Interview mit einer Schulrätin. In: brandeins 10/2020, 52–55.

Luhmann, N. (1964): Funktionen und Folgen formaler Organisation. Berlin: Duncker & Humblot.

Luhmann, N. (1967): Soziologische Aufklärung. In: Luhmann, N. (1970): Soziologische Aufklärung 1, 9. Auflage, 2018. Wiesbaden: VS Verlag für Sozialwissenschaften.

Luhmann, N. (1975): Interaktion, Organisation, Gesellschaft. In: Luhmann, N. (1975): Soziologische Aufklärung 2, 7. Auflage, 2018. Wiesbaden: VS Verlag für Sozialwissenschaften.

Luhmann, N. (1984): Soziale Systeme. Frankfurt a. M.: Suhrkamp.

Luhmann, N. (1990): Paradigm Lost. Über die ethische Reflexion der Moral. In : Luhmann, N. (2008): Die Moral der Gesellschaft. Frankfurt a. M.: Suhrkamp.

Luhmann, N. (2002): Einführung in die Systemtheorie. Heidelberg: Carl Auer.

Luhmann, N. (2016): Der neue Chef. Frankfurt a. M.: Suhrkamp.

Luhmann, N. (2017): Systemtheorie der Gesellschaft. Berlin: Suhrkamp.

Luhmann, N. (2021): Die Grenzen der Verwaltung. Berlin: Suhrkamp.

Muster, J./Laudenbach, P. (2019): Keine Chefsache. In: brandeins, Thema Innovation, 80–85.

Muster, J./Laudenbach, P. (2020): Problemlösungen und Lösungsprobleme. In: brandeins 3/2020, 36–40.

Neuberger, O. (2002): Führen und führen lassen. Ansätze, Ergebnisse und Kritik der Führungsforschung. 6. Auflage, Stuttgart: Lucius & Lucius.

Ortmann, G. (2003): Organisation und Welterschließung. Wiesbaden: VS Verlag für Sozialwissenschaften.

Ortmann, G. (2017): Flottierende Signifikanten. Über Wörter wie lean, smart und agile. In: Zeitschrift für Organisationsentwicklung, Jg. 36, Nr. 2, 128.

Peters, T. (1988): Kreatives Chaos: Die neue Management-Praxis. Zit. nach Baecker, D. (2003): Organisation und Management. Frankfurt a. M.: Suhrkamp.

Pollesch, R. (2001): Verkaufe dein Subjekt! René Pollesch im Gespräch mit Anja Dürrschmidt und Thomas Irmer. In: Theater der Zeit, Heft 12/2001, 4–7.

Pollesch, R. (2012): Der Schnittchenkauf. Berlin: Galerie Buchholz.

Rastetter, D. (2008): Zum Lächeln verpflichtet. Emotionsarbeit im Dienstleistungsbereich. Frankfurt a. M./New York NY: Campus.

Regenbogen, A./Meyer, U. (2013): Wörterbuch der philosphischen Begriffe. Hamburg: Meiner.

Robertson, B. J. (2016): Holacracy. Ein revolutionäres Management-System für eine volatile Welt. München: Vahlen.

Roselt, J. (2009): Seelen mit Methode. Schauspieltheorien vom Barock bis zum postdramatischen Theater. Berlin: Alexander.

Simon, F. B. (2011): Zwischen Gefühl und Geschäft. Familien und ihre Unternehmen. In: ders. (Hg.): Die Familie des Familienunternehmens. Heidelberg: Carl Auer.

o. A. (2020): Starbucks untersagt Symphathiebekundungen mit »Black Lives Matter«. In: Der Spiegel, 12. 06. 2020. https://www.spiegel.de/wirtschaft/unternehmen/starbucks-untersagt-sympathiebekundungen-mit-black-lives-matter-a-be2a6a0d-f898-494c-aacb-7162e110310d (28. 03. 2022)

Stanislawski, K. S.(2011): Stanislawski-Reader: Die Arbeit des Schauspielers an sich selbst und an der Rolle. Berlin: Henschel.

Strasberg, L. (2001): Schauspielen und das Training des Schauspielers: Beiträge zur »Method«. Hg. von W. Wermelskirchen. Berlin: Alexander.

Making Of: Wie dieses Buch zustande gekommen ist

Unser Buch hat eine verschlungene Entstehungsgeschichte, in der unterschiedliche Perspektiven auf die Organisation zusammenkommen mussten. Das begann mit einer anhaltenden, in langen Diskussionen ausgetragenen Kontroverse um die Voraussetzungen und Grenzen humaner und damit moralisch zu rechtfertigender Organisationen. Für die Soziologin Judith Muster haben Organisationsstrukturen Funktionen und Folgen. Für den Wirtschaftsethiker Kai Matthiesen lautete die Frage: Funktional wofür, wenn nicht für die Menschen? Als Unternehmensberater konnten sie die Argumente ihrer Debatte an Fällen aus ihrer Beratungspraxis beleuchten. In ihren gemeinsamen Seminaren an der Universität St. Gallen haben Studierende verschiedener Jahrgänge beide Seiten des Streits mit ihren Argumenten bereichert, ebenso die Kolleginnen und Kollegen bei Metaplan, die gefragt und ungefragt mitstritten und so zur Entwicklung und Klärung der hier vorgebrachten Beobachtungen und Thesen beigetragen haben.

Ein Buchprojekt wurde daraus, als Judith Muster und der Journalist Peter Laudenbach bei Interviews für das Wirtschaftsmagazin brand eins merkten, dass sie das Interesse an Luhmanns Blick auf die Organisation teilen (und das Vergnügen daran, sich darüber auszutauschen). Der Text des vorliegenden Buches ist aus unseren Gesprächen, Lektüren und Berichten über Fallbeispiele entstanden. Dass die drei Beteiligten dabei verschiedene Sichtweisen,

Erfahrungen und Fähigkeiten einbringen konnten, sorgte für die notwendige Spannung. Dafür, dass der Text lesbar geblieben ist (und die Autoren nicht die Übersicht verloren haben), sorgte Jens Kapitzky mit Ermutigung und seinem Lektorat.

Keiner von uns hätte dieses Buch ohne die anderen schreiben können.

Kai Matthiesen, Judith Muster, Peter Laudenbach
Hamburg / Berlin im März 2022

Dr. Kai Matthiesen ist Kaufmann und Wirtschaftsethiker. Seit 2001 ist er bei Metaplan, heute als geschäftsführender Partner. Er lehrt er an der Universität St. Gallen.

Dr. Judith Muster ist Soziologin, seit 2011 bei Metaplan und heute dort Partnerin. Sie lehrt an der Universität Potsdam.

Peter Laudenbach ist Journalist u. a. bei *brandeins* und Theaterkritiker der *Süddeutschen Zeitung*.

ISBN Print: 978-3-8006-6757-4
ISBN E-Book (ePDF): 978-3-8006-6758-1
ISBN E-Book (ePub): 978-3-8006-6988-2

Buchgestaltung: Manja Hellpap, Berlin
Korrektorat: Renate Hensel, Hamburg
Druck und Bindung: Friedrich Pustet GmbH & Co. KG, Gutenbergstraße 8, 93051 Regensburg

CO_2 neutral
vahlen.de/nachhaltig

www.vahlen.de

Gedruckt auf säurefreiem, alterungsbeständigem Papier (hergestellt aus chlorfrei gebleichtem Zellstoff)